U0285152

安全管理
一本通

姚根兴　李文霆 ◎ 编著

|第 2 版|

广东旅游出版社
GUANGDONG TRAVEL & TOURISM PRESS
悦读书·悦旅行·悦享人生

中国·广州

图书在版编目（CIP）数据

安全管理一本通 / 姚根兴，李文霆编著 . — 2 版
. — 广州：广东旅游出版社，2018.10（2024.8 重印）
ISBN 978-7-5570-1470-4

Ⅰ . ①安… Ⅱ . ①姚… ②李… Ⅲ . ①企业管理—安
全管理 Ⅳ . ① X931

中国版本图书馆 CIP 数据核字（2018）第 199964 号

出 版 人：刘志松
责任编辑：张晶晶　夏于棋
责任校对：李瑞苑
责任技编：冼志良

安全管理一本通
ANQUAN GUANLI YIBENTONG

广东旅游出版社出版发行
（广州市荔湾区沙面北街 71 号首层、二层　邮编：510130）
印刷：北京市文昌阁彩色印刷有限责任公司
（河北省保定市高碑店市合作路南侧 11 号）
联系电话：020-87347732　　邮编：510130
787 毫米 ×1092 毫米　16 开　16.25 印张　218 千字
2018 年 10 月第 1 版　2024 年 8 月第 2 次印刷
定价：68.00 元

总　序

据研究，接受过严格培训的员工，工作效率能提高 17.4%，成本能降低 30%，创造的净产值则能提高 90%。另据美国的一项统计，企业在员工培训上每 1 美元的投入能得到 50 美元的收益。岗位规范和员工职业化水平，已经成为决定企业竞争力的重要因素之一。拥有一支经过专业培训的职业化员工队伍，是打造企业核心竞争力、推动企业持续发展的必备要素。

《时代光华·中国企业培训大系》旨在为中国企业提供一套专业的、卓有成效的岗位培训解决方案，以帮助企业从职业素养、岗位技能和行为规范三个层面提升员工的岗位胜任能力和职业化水平。

本丛书具有以下三大特色：

实用性与有效性

本丛书力求实用，从岗位选择到具体的培训内容，都尽量贴近企业管理实际，贴近岗位工作实际，强调针对性和实操性；同时十分注重培训效果，要求受训者边学习边操练，快速把知识转化为行动和工作绩效。

资深实战专家编写

特邀一批理论水平卓著，同时实践经验也非常丰富的一线专家执笔，充分保证内容的专业度和可操作性。

500强企业广泛应用

本丛书曾作为培训资料，在宝洁、可口可乐、丰田、大众、壳牌、沃尔玛等世界500强在华企业，以及中石油、中国移动、海尔、蒙牛等国内著名企业中应用，是经过实践检验行之有效的岗位培训优秀读本。

本丛书所选择的岗位，既包括中国现代企业通用的基本岗位，如各部门的经理、主管、助理、专员等职能岗位，也包括如电信、房地产、酒店、餐饮、商超、服装等诸多行业的各类特色职能岗位，可以满足各级各类企业岗位培训的基本需求。

由于各个行业的企业在岗位设置上各具特色，我们虽然尽量考虑周全，但也难免会有疏漏与失误之处，欢迎行家和读者指正。

本书学习目标

安全负责人岗位认知

安全负责人岗位描述

安全负责人岗位要求

安全文化建设

安全文化建设概述

安全文化建设的方法

作业安全管理

创造良好的作业环境

作业过程安全管理

安全生产检查

安全检查概述

安全检查实施

职业健康安全管理

职业健康安全管理体系

职业病防范与管理

安全事故预防与应急处理

安全生产事故的预防

安全应急预案

安全事故的处理

目录

|第二章|

安全文化建设

|第四章|

安全生产检查

|第五章|

职业健康安全管理

|第六章|

安全事故预防与应急处理

第一章
安全负责人岗位认知

本章学习重点：
- 了解安全负责人的具体工作内容和职责
- 了解安全负责人的岗位要求

主题词：安全负责人　岗位描述　岗位要求

第一节 安全负责人岗位描述

安全负责人是主管安全工作的人员，这一岗位在企业中非常重要。那么安全负责人究竟是做什么的呢？我们首先来看以下几则企业安全负责人的招聘启事。

[实例]

某企业招聘安全经理

安全经理：男，2名，年龄在25～40岁之间。

教育水平：大学专科或以上，专业不限，企业管理、工科专业者优先。

经验：3年以上工作经验，1年以上工厂安全、消防、治安管理经验，退伍军人优先考虑。

知识：熟悉安全生产法律规章，具备安全生产管理知识，掌握企业管理的一般方法。

技能技巧：基本掌握 Word、Excel、PowerPoint 等办公软件的使用方法。

个人素质：较强的组织能力、沟通能力，能编制相关的工作计划和汇报，原则性强。

［实例］

某地铁公司安全经理招聘启事

1. 主要职责

（1）向安全质量环境监察高级工程师汇报工作，负责监察所有与项目有关的安全事项。

（2）协助安全质量环境部制订安全计划和完善相关的安全管理制度。

（3）协助推广安全知识并组织训练。

（4）与建造安全管理小组、工地监理单位及相关政府部门保持联络，确保安全施工。

（5）组织和参与工程安全审核及安全评比。

（6）根据公司和项目发展的需要，参与或协助其他相关工作。

2. 入职要求

（1）具备相关单位安全专业证书，大专以上学历。

（2）熟悉本地的安全条例及工作方法。

（3）5年或以上大型基建的安全管理经验。

（4）具备良好的人际沟通能力及安全管理技巧。

以上两则招聘启事对安全负责人的职责进行了描述，但安全负责人的具体工作肯定不限于此。本节从实际出发，谈谈安全负责人需要做的或必须参与的工作内容。

安全文化建设

对于一个企业来说，安全与企业和员工的生命财产息息相关，所以，企业的行为必须围绕人的安全工作展开，这是企业生产的基础，也是企业发展的重要保证。建设企业安全文化，把企业安全文化作为企业管理的一个重要组成部分，并将其渗透到企业生产的全过程，营造良好的安全生产氛围，增强员工的安全意识，是企业安全生产的必要途径。安全文化建设的内容与工作有：

1. 安全物质文化建设

企业的安全物质文化主要指企业作业环境、设备的安全状况以及规章制度等。开展安全物质文化建设，要大力开展质量标准化工作，加强企业安全作业标准化建设；要加强企业规章制度建设，建立完善的职业健康安全管理体系。

2. 安全精神文化建设

安全精神文化的作用是树立"安全第一"的价值观、增强员工的安全意识、营造良好的安全氛围、提高员工的安全素质，从而达到以素质保安全、向素质要安全的目的。

3. 安全行为文化建设

安全行为文化建设是指对人的作业行为进行有效的管理，制定出企业员工作业行为规范和安全操作规程等，建立切实可行的新型管理模式，让员工不断学习安全理论知识，加强岗位安全技能培训，改正作业过程中的不安全、不规范、不正确的操作方法。

安全生产规章制度的制定与落实

企业安全生产规章制度是企业规章制度的重要组成部分，是企业的安全生产法规，是统一全体员工从事安全生产的行动准则。

企业要认真贯彻落实国家的安全生产方针、政策、法律、法规和技术标准；要结合企业自身的特点和实际，建立健全安全生产规章制度，要统一和规范全体员工的思想和行为；要保护员工劳动安全卫生的合法权益，保障国家和集体财产的安全，促进企业生产的发展。

企业安全生产规章制度，基本上可分为三大类：

1. 以企业安全生产责任制为核心的全厂性安全总则

企业安全生产责任制度要根据"安全生产，人人有责"的原则来制定，既要明确"谁负责"，又要明确"负什么责"；要横向到边，纵向到底，不留空白和死角。并且，全厂是一盘棋，要共同贯彻执行各项安全生产规章制度。

2. 各类安全生产规章制度

这包括安全生产教育制度和检查制度、劳动保护措施计划管理制度、特种作业人员培训制度、危险作业审批制度、工伤事故管理制度、工业卫生管理制度、劳动保护用品管理制度、厂区交通运输管理制度、特种设备安全管理制度、电气安全管理制度、消防管理制度等。

3. 岗位安全操作规程

它是各工种、各岗位操作工的具体操作规范。

对于企业的各项安全制度，安全负责人有责任用各种方式督导各级人员严格执行。

安全作业管理

作业过程是指以一定方式组织起来的员工群体，在一定的作业环境内，使用设备和各种工具，采用一定的方法将原材料和半成品进行加工制造，组合成为成品，并安全运输和妥善保存的过程。大部分工伤事故都是在作业过程中发生的。因此，安全负责人有责任为企业创造良好的安全作业环境，分析和认识作业过程中的不安全因素，并采取对策加以控制和消除。

开展安全教育

安全生产必须天天讲，月月讲，年年讲，要讲深，讲透，讲彻底。企业要通过安全教育提高员工的安全觉悟和安全技术素质；要增强企业领导和广大员工搞好安全工作的责任感和自觉性，为贯彻国家的安全生产方针、政策奠定思想基础；要让广大员工掌握安全生产知识，提高安全操作水平，发挥自防自控的保护作用，从而有效地防止事故发生。

安全教育的内容一般包括：安全生产思想教育、安全生产知识教育和安全管理理论及方法教育。企业应根据不同的教育对象，侧重于不同的教育内容，提出不同的教育要求。

为了按计划、有步骤地进行全员安全教育，为了保证教育质量并取得好的教育效果，从而真正有助于提高员工安全意识和安全技术素质，安全教育必须做到：

第一，建立健全员工全员安全教育制度，严格按制度进行教育对象的登记、培训、考核、发证、资料存档等工作，环环相扣，层层把关；坚决做到不经培训者、考试（核）不合格者、没有安全教育部门签发的合格证者，不准上岗工作。

第二，结合企业实际情况，编制企业年度安全教育计划，每个季度要有教育的重点，每个月要有教育的内容。计划要有明确的针对性，并根据企业安全生产的特点，适时修改、变更或补充内容。

第三，要有相对稳定的教育培训大纲、培训教材和培训师资，确保教育时间和教学质量。要根据企业发展的新特点、新情况，相应补充新内容、新知识。

第四，在教育方法上，力求生动活泼，形式多样，寓教于乐，提高教育效果。

第五，经常监督检查，认真查处未经培训就顶岗操作和特种作业人员无证操作的责任单位和责任人员。

安全生产的检查

安全检查是企业贯彻落实"安全第一，预防为主，综合治理"方针的重要手段。安全负责人作为企业的专职安全管理人员，自然是组织、参与人员之一。为达到检查的实际效果，安全负责人应当认真做好以下几个方面的工作：

第一，将安全检查形成制度，将定期检查和不定期检查结合起来，将经常性检查和临时性检查结合起来，做到安全管理常抓不懈。

第二，安全检查不停留在听汇报、看资料上，而要把重点放在生产现场，对人、机、环境、管理系统进行全面细致的检查，不留死角。

第三，对安全检查中查出的各类事故隐患进行登记备案，限期整改，并进行跟踪监控。

第四，安全检查要做到严肃认真、一丝不苟，对存在问题的单位不能迁就，不能护短，要排除各种干扰，严格按规章制度办事。

第五，安全检查结束后，要进行分析，对查出的突出问题要认真剖析根源，查找症结所在，举一反三，坚决堵塞安全管理上的漏洞，防止类似事故再次发生。

职业病的预防与管理

许多企业的作业环境和作业方法会引发职业病，但职业病是可以预防的。安全负责人在这一项工作中所起的重要作用包括：

协助分析职业危害因素，并采取措施控制和消除生产性有害因素；

对接触生产性有害作业的员工进行就业前体格检查和定期体格检查，及早发现禁忌症和职业病患者，及早进行处理；

根据国家制定的一系列卫生标准，定期检查作业环境中生产性有害因素的浓度或强度，及时发现问题，及时解决；

制定并严格遵守安全操作规程，防止发生意外事故；

监督员工加强个人防护和养成良好的卫生习惯，防止有害物质进入体内；

当职业病发生时，要按国家的有关规定进行处理等。

安全事故应急救援

"预防为主"是安全生产的原则，但不管预防工作如何周密，事故和灾难总是难以避免的。企业只有居安思危、常备不懈，才能在事故和灾害发生的紧急关头迅速反应，并采取得当措施。企业想要从容地应对紧急情况，就需要周密的应急计划、严密的应急组织、精干的应急队伍、灵敏的报警系统和完备的应急救援设施。

事故应急救援预案有三个方面的含义：

1. 事故预防

企业通过危险辨识、事故后果分析，采用技术和管理手段降低事故发生的可能性，且使可能发生的事故控制在局部，防止事故蔓延。

2. 应急处理

企业在发生事故（或故障）时有应急处理的程序和方法，能快速反应处理故障或将事故消除在萌芽状态。

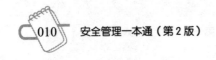

3. 抢险救援

企业采用预定现场抢险和抢救的方式，控制或减少事故造成的损失。

第二节　安全负责人岗位要求

安全负责人是企业安全生产管理和技术实现的具体实施者，是企业安全管理的专职人员，也是企业实现安全生产的决定性因素之一。因而具有一定的学历，掌握安全专业知识和科学技术，又有生产经验并懂得生产技术，是一名安全负责人的基本素质。除此之外，安全负责人还必须具备以下条件：

良好的身体素质

安全工作是一项既要腿勤又要脑勤的管理工作。无论是晴空万里还是狂风暴雨，无论是寒风凛冽还是烈日炎炎，无论是正常上班还是放假休息，无论是厂内还是在野外，只要有人上班，安全负责人就得工作，就得检查事故隐患，就得处理违章现象。因此，没有良好的身体，安全负责人是无法干好安全工作的。

丰富的安全知识

安全负责人的职能和性质决定了其知识体系。安全负责人必须遵守一个原则，那就是管安全首先必须懂生产，否则就不可能真正管理好安全。要达到这一目标，安全负责人必须有很宽的知识面。下面介绍一下安全负责人需要掌握的安全知识体系。

1. 安全科学（即安全学）

这是安全学科的基础科学。它包括：安全设备学、安全管理学、安全系统学、安全人机学和安全法学。

2. 安全工程学

这是一门技术科学。它包括：安全设备工程学、卫生设备工程学、安全管理工程学、安全信息论、安全运筹学、安全控制论、安全人机工程学、安全生理学和安全心理学。

3. 专业安全知识

各行业的性质不同，对专业安全知识的要求也不一样。总体来讲，专业安全知识包括：通风，矿山安全，噪声控制，机、电、仪安全，防火防爆安全，汽车驾驶安全，环境保护等。

安全负责人不仅要熟悉本行业的生产工艺、生产流程，还要学会安全使用本行业的常用设备、设施和工具，如机械设备、电器设备、电能输送设备、热效能设备、防尘防毒设施、消防设施、液化气站、酸碱油槽防护设施、风动工具等。

4. 计算机方面的知识

计算机在安全管理方面的应用普及，要求安全负责人不仅要掌握一定的计算机使用常识，而且应掌握一定的应用软件开发知识。

敬业精神

安全管理工作是一项特殊的管理工作，安全负责人不仅要和机器设备打交道，还要进行人的管理。在管理过程中，安全负责人要对人员的操作流程进行监督，纠正其违规行为，因此难免会得罪人。这就要求安全负责人要有敬业精神：一是要敢抓敢管，对一切违反规章制度的人和事不姑息、不迁就，要警觉，及时且严肃地指出；二是要善抓善管，及时为纠正违反规章制度的行为出谋划策，通过双方或多方的努力，排除隐患，把事故消灭于萌芽状态。

除此之外，安全负责人还要有换位思考的能力，能"将心比心"。在日常工作中，检查别人，监督他人，指出问题，往往不太难，但要在此基础之上提出解决问题的办法却不是件容易的事。如果安全负责人一味地以"检查者""监督者"的身份自居，将无助于矛盾的化解和问题的解决。如果当事人能理解、接受，那还好说；如果当事人认为是与其"过不去"或有意"刁难"，就容易激化矛盾。此时，如果安全负责人能设身处地地为他人着想，用商量的口吻提出解决的办法，当事人往往是乐意接受并积极配合的。

职业道德素质

一个安全负责人要具有良好的思想道德素质，要德高望重，这样才能树立自己的"威信"，让人信服。孔子云："其身正，不令而行；其身不正，虽令不从。"安全负责人只有保证自己做得对，自己具有良好的道德风尚，员工才会听从意见，服从管理。

安全工作必须讲原则，必须坚持正确的立场不变。工作中存在违章和安全隐患，也存在有意识或无意识的违章作业、冒险作业、违章指挥现象，安全负责人如果不能站出来制止，将导致严重的安全事故发生。因此，安全负责人应坚持原则，不徇私情，制止不安全施工；在处理安全事务时，该奖还是该罚都严格按制度办事；参与事故调查时，做到实事求是，取证充分；处理事故时，严格按章办事。除此之外，安全负责人还应不怕打击报复，不怕威胁，不怕流言蜚语。

良好的心理素质

良好的心理素质包括意志、气质、性格三个方面。

安全负责人必须具有坚强的意志。在管理中，安全负责人时常会遇到很多困难，比如说，苦口婆心地对违章员工进行教导，却得不到理解；进行处罚时，员工也会有抵触情绪，会产生误会；对于隐患，几经"开导"后，员工仍不进行处理；事故调查"你遮我掩"；甚至被憎恨，被诬告，被陷害。面对众多的困难和挫折，安全负责人不能畏难、退缩，甚至消沉，也不能一气之下什么都不管，要勇于克服困难，激流勇进。坚强的意志不是与生俱来的，安全负责人必须在工作中不断地磨炼。

气质是一个人的"脾气"和"性情"，是决定一个人心理活动的全部动力，是个体独有的心理特点。气质影响着人们智力活动的方式，决定着人们心理活动过程的速度、稳定性、适应能力、灵活程度和心理过程的强度，使人的心理活动具有指向性，即人有内向型和外向型。安全负责人应具有长期的、稳定的、灵活的气质特点，并且性格外向。

安全负责人必须具有豁达的性格，在工作中能做到巧而不滑，智而不奸，踏实肯干，勤劳愿干。安全工作是原则性很强的工作，是管人的工作，而总有一些人会不服管，不理解安全工作。管理过程中会发生各种各样的矛盾冲突、争执，安全负责人甚至会受到辱骂、指责、诬告、陷害等。因此，安全负责人必须具有"大肚能容天下事"之风范，要有苦中作乐的精神，时刻激励自己保持高昂的工作状态。

具有解决矛盾冲突的能力

一名安全负责人，必须具有较强的解决问题和冲突的能力。企业在招聘安全负责人时，不能选用"大事解决不了，小事不想解决"的人和大事小事"一锅粥"全找领导解决的人。安全负责人不但不能惧怕矛盾，而且要勇敢面对矛盾，要把处理矛盾作为锻炼自己的工具，在不断地解决矛盾中提高自己处理问题、解决冲突的能力。一个人解决矛盾冲突的能力提高了，不仅有利于提高自己的工作能力，而且会提高自己的生存能力。

培训教育能力

为使全员都懂安全，企业必须不断地实施安全培训教育，因而培训教育也是安全负责人这一岗位的要求之一。

安全教育须利用各种教育形式和教育手段，以生动活泼的方式来开展安全生产这一严肃课题的教育工作。安全教育形式大体可分为如下几种：广告式、演讲式、会议讨论式、竞赛式、声像式、文艺演出式、学校正规教学等。对于在企业中应用的教学方式，安全负责人都要有所了解，并且要具备对安全教育的安排、督导和检查能力。

▶▶ 探究·思考 ◀◀

1. 企业安全生产规章制度有哪些种类？
2. 安全生产检查应注意哪些方面？
3. 安全知识包含哪些方面的内容？
4. 一名安全负责人要具备哪些素质？

第二章
安全文化建设

本章学习重点：
- 掌握安全文化建设的内容
- 了解安全文化建设的方法，掌握各种方法
  的内容、要求及注意事项

主题词： 安全文化建设　建设方法

第一节 安全文化建设概述

安全文化，就是保护人的健康、珍惜人的生命、实现人的价值的文化。安全价值观和安全行为准则构成了安全文化。安全价值观是安全文化的深层结构，安全行为准则是安全文化的表层结构。企业安全文化是员工的安全意识、安全信仰、安全习惯、职业道德、安全价值观念的反映。安全文化是企业整体文化的一部分，也是企业生产、安全管理现代化的主要特征之一。

安全文化建设的必要性

1. 安全文化是安全科学发展之本，是实现安全生产的重要基础

许多企业在抓好安全生产方面做了大量细致的工作，安全生产情况总体是好的。但是，事故隐患依然不能杜绝，有的企业甚至事故频发。因此，一些企业的领导和员工一谈起安全生产，就觉得"如临深渊""如履薄冰"，仍处于"发生事故—整改—检查—再发生事故—再整改—再检查"的恶性循环中。其实，技术措施只能实现低层次的基本安全，管理和法制措施才能实现较高层次的安全；要实现根本的安全，最终的出路还在于安全文化。企业只有超越传统安全监督管理的局限，用安全文化去塑造每一位员工，从更深的文化层面去激发员工"关注安全，关爱生命"的本能意识，才能确立安全生产的长效机制，实现长期稳定的安全生产。

2. 安全文化作为企业可持续发展的重要保障，是企业文明和素质的重要标志

安全文化对全体员工文明素质的提高具有导向、约束和凝聚作用。安全文化建设，使每一名员工把"安全第一，预防为主"的价值观作为自己的行为指南，努力使自己的一言一行、一举一动符合企业的安全价值观；使企业尽快走出"事故导向"的操作和管理模式，实施"超前创新"，有效防止事故的发生。安全文化制度能够约束全体员工的安全行为，使每一名员工自觉地增强安全意识，明确安全生产责任以及应具有的安全道德，从而能自觉地遵章守纪，自觉地帮助他人规范安全行为，做到"三不伤害"，提高整体的安全水平。企业应通过各种有效手段，激发全体员工的安全生产积极性和主动性，以良好的安全氛围熏陶人，对员工进行潜移默化的影响，最终形成全体员工同心协力、奋勇拼搏、开拓前进的安全文化氛围，使员工对企业产生信赖感、依靠感和归属感。

[实例]

"三不伤害"原则

为保证人身安全，请全体员工切实遵守"不伤害自己""不伤害别人""不被别人伤害"的"三不伤害"原则。

1. 不伤害自己

你的安全是企业正常运行的基础，也是家庭幸福的源泉。有了安全，美好生活才有可能。

（1）保持正确的工作态度及良好的身体和心理状态，保护自己的责任主要在自己。

（2）了解自己操作的设备或活动中的危险因素及控制方法，遵守安全规则，使用必要的防护用品，不违章作业。

（3）要记住，任何活动或设备都可能是危险的，要在确认无伤害威胁后再实施，三思而后行。

（4）杜绝侥幸、自大、逞能和想当然心理，莫以患小而为之。

（5）积极参加安全教育训练，提高识别和处理危险的能力。

（6）虚心接受他人对自己不安全行为的纠正。

2. 不伤害别人

他人的生命与你的一样宝贵，不应该被忽视。保护同事是你应尽的义务。

（1）你的活动随时会影响他人安全，要尊重他人生命，不制造安全隐患。

（2）对不熟悉的活动、设备和环境多听、多看、多问，进行必要的沟通协商后再做。

（3）设备操作尤其是设备启动、维修、清洁和保养时，要确保他人在免受影响的区域。

（4）将你所知的可能造成的危险及时告知受影响人员，加以消除或予以标示。

（5）对接收到的安全规定 / 标志 / 指令，认真理解后执行。

（6）管理者对危害行为的默许纵容是对他人的严重威胁，安全表率是你的职责。

3. 不被别人伤害

人的生命是脆弱的，变化的环境蕴含多种不可控的风险，你的生命安全不应该被他人随意伤害。

（1）提高自我防护意识，保持警惕，及时发现并报告危险。

（2）将你的安全知识及经验与同事共享，帮助他人提高事故预防技能。

（3）不忽视已标示的或潜在的危险并远离，除非得到足够的防护措施及安全许可。

（4）纠正他人可能危害自己的不安全行为，不伤害生命比不伤害情面更重要。

（5）冷静处理所遭遇的突发事件，正确应用所学安全技能。

（6）拒绝他人的违章指挥，即使是你的主管发出的。不被伤害是你的权利。

3. 企业安全文化在生产活动中能形成"自控机制"

安全文化在生产中能形成安全文化"力场"，这个"力场"以"安全第一"的观念作用于生产中的每一个人。如果企业建立起浓厚的安全文化环境，不论决策层、管理层还是一般员工，都会在安全文化"力场"的约束下规范自己的行为。

[实例]

　　某公司有2000多名员工，其中本地农民合同工占总人数的1/5，另外还有上千名外地民工作为辅助工，这些人文化水平不高。公司领导首先从自己做起，纪律严明；对工人的违章违纪行为，车间管理人员都要负责；新工人严格按标准化动作进行培训，动作不合格一律不能上岗。该公司一丝不苟地培养全体员工遵章守纪的习惯，在全厂形成了"安全第一"的观念。这使每个进厂人员都会自觉地遵章守纪，而不会做出违章违纪的行为。

安全文化就像一只看不见的手，凡是脱离安全生产的行为都会被它拉回到安全生产的轨道上来。在生产中因违章作业发生了事故，人们在分析违章的原因时常说："违章者缺乏遵守安全规章的自觉性。"这自觉性是指人能意识到自己行为的目的和意义，并能根据环境的变化采取不同的行为方式。这种支配行为能力的形成，主要取决于人的安全文化素质。人们有了高度的安全文化素质，就会认识到安全是发展经济的前提条件之一；就会理解安全在企业生产中的重要地位，体验到"伤亡是不能用经济效益弥补的"这一观念的深刻含义；就会感觉到自己对自己、对他人的安全应承担的责任，进而明确安全规范。安全文化把安全价值观和安全行为准则上升到人的自我实现的需要，上升到激励人们为之奋斗的目标动机，从而调动人的潜能、理想、抱负和意志，使人主动自我完善"安全第一"的观念。企业安全文化的水平标志着企业现代化的水平，标志着企业文明管理的水平。

4. 企业安全文化是安全管理的灵魂

安全文化不只是指员工安全知识水平的提高，更是指员工对待安全科学技术的态度；不只是指企业安全管理活动产生的成果，还包括形成这种管理方式的原因和所体现出来的安全行为准则；不只是指有序的安全生产环境，更是指产生这种环境的感情基础；不只是指企业领导作出的安全决策，更是指这种决策折射出的领导者信仰的安全哲学；不只是指事故及损失率的下降，更是指人们对待这种下降的心理态势……总之，企业安全文化是渗透在一切安全管理活动中的灵魂。安全管理主要是管人，管人最好的方法不是利用机器进行监视，而是运用文化进行影响。安全文化能为员工提供安全生产的思维框架、价值体系和行为准则，使员工在自觉自律中舒畅地按正确的方式行事，从而规范员工在生产中的安全行为。

企业安全文化涉及的对象

从不同的角度出发，可对企业安全文化作出不同的分类。从文化的形态出发，企业安全文化包括安全观念文化、安全行为文化、安全制度文化和安全物态文化；从文化的手段出发，企业安全文化包括教育手段、宣传手段、管理手段、法制手段、行政手段、科技手段、经济手段等；从文化的对象出发，企业安全文化包括法人代表的安全文化、企业各级领导（职能部门负责人）的安全文化、安全专职人员的安全文化、员工的安全文化、家属的安全文化等。下面我们从安全文化涉及的对象出发分析企业的安全文化。

1. 法人代表的安全文化

法人代表是企业的"一把手"，是企业安全生产的第一责任人，对企业的安全生产负全面责任。因此，企业安全文化建设，主要的对象之一就是法人代表。法人代表的安全文化主要表现在：对"安全第一"观点的认识和理解、对安全与生产关系的认识和理解、对员工生命与健康的情感和态度，以及在安全管理与决策方面的素养等方面。要提高企业法人代表的安全文化素质，一方面要提高法人代表的基本文化素质，另一方面要让法人代表学习安全生产的知识、体验和经历事故的教训。

2. 企业各级管理者的安全文化

由于企业安全管理是全面管理，企业的各个部门都有各自的安全生产责任。因此，要使各职能部门对安全生产负起真正的责任，就有一个企业各级管理者的安全文化建设问题。企业各级管理者的安全文化建设，主要通过法制建设和安全培训来实现。

3. 安全专职人员的安全文化

安全专职人员是企业安全生产管理和技术实现的具体承担者，是企业安全生产的"正规军"，因此，也是企业实现安全生产的决定性因素。具有一定的专业学历，掌握安全的专业知识和科学技术，又有生产的经验并懂得生产技术，是一个安全专职人员的基本素质。要建设好安全专职人员的安全文化，需要企业管理层的重视和支持，也需要专职人员的自身努力。

4. 员工的安全文化

企业的任何安全活动和工作，最终目的是使员工在工作岗位上安全地生产。员工是安全生产的直接操作者和实现者，因此，员工的安全文化是企业安全文化最基本和最重要的部分。科学的管理、及时有效的培训和教育、正确的引导和宣传、定期的班组安全活动等，是员工安全文化建设的基本动力。

5. 家属的安全文化

家庭生活是任何人每天都离不开的内容，企业员工也同样，其劳动或工作状况与家庭生活有着密切的联系。因此，企业安全文化的建设一定要渗透到员工的家属层面。员工家属的安全文化建设主要是使家庭为员工的安全生产创造一个良好的生活环境和心理环境，这就需要家属了解员工的工作性质、工作规律和相关的安全生产常识等。

安全文化建设的内容

1. 安全物质文化的建设

安全物质文化具体涉及生产的工具、设备、设施、材料、燃料、仪器、物化环境，以及安全工程设施、设备、装置、检测手段、防火及应急手段、安全信息手段等物质条件。

安全物质文化的建设方法是指通过采用先进、高效的生产工艺技术，安全性高的生产设备，灵敏、可靠的安全预警、预报和防护系统，快捷的事故应急系统，现代化的安全检验及环境监控系统，先进的人、机、环境信息管理技术，完善的标准及规程等来规范人的行为，从而极大地减少事故的发生。

2. 安全制度文化的建设

安全制度文化的建设包括责任制的落实、对国家法规的认识和理解，以及自身安全制度和标准体系的建设等。

其中，责任制的落实包括：明确法人代表、高级管理层、各职能部门及其负责人、各级（车间、班级等）机构及负责人的安全生产职责。企业自身的安全制度和标准体系的建设包括：各种岗位和工程的安全制度和规范，安全检查、检验制度，安全学习及培训制度，安全训练（操作、防火、自救等）制度，安全教育及宣传制度，事故调查与处理制度，劳动保护和女工保护制度等一系列制度的建设。

3. 安全精神文化的建设

对于企业来说，安全精神文化的建设就是：树立起"安全第一"的观念；"预防为主，安全为天"的意识；安全维系员工的生命、健康与幸福的伦理观念；"安全既有经济效益，又有社会效益"的价值观念；"安全科学与技术也是生产力"的科学观念；"安全系统是控制系统，生产系统是被（安全）控制系统"的辩证观念。

对于管理者来说，安全精神文化的建设就是要树立"安全为了生产，生产必须安全"的意识，全面安全管理的意识，"三同时""五同时"的意识，安全经济保障与信息流的意识，安全责任制与事故超前预防的意识等。

对员工来说，安全精神文化的建设就是要树立安全生产人人有责的意识，遵章光荣、违章可耻的意识，珍惜生命、修养自我的意识，自律、自爱、自护、自救的意识，保护自己、爱护他人的意识，事故源于"三违"与失误的意识，消除隐患、事事警觉的意识，遵照科学、规范行为的科学意识，学习技术、提高技能的意识等。

[知识链接]

"三同时"与"五同时"

1."三同时"

"三同时"是指建设项目中防治污染和其他公害的设施以及

综合利用设施必须与主体工程同时设计、同时施工、同时投产使用的制度。"三同时"是我国环境管理的基本制度之一，其适用对象包括一切对环境有影响的新建、扩建和改建项目，技术改造项目，区域开发建设项目和有经济效益的综合利用项目。

2. "五同时"

"五同时"是指：企业单位的各级管理人员在管理生产的同时，必须负责管理安全工作，认真贯彻国家有关劳动保护的法令和制度，在计划、布置、检查、总结、评比生产的时候，同时计划、布置、检查、总结、评比安全工作。"五同时"使企业的安全生产责任制度在各种生产活动中得以落实，对于保障安全生产起到了重要作用。

4.安全行为文化的建设

安全行为文化的建设包括管理者安全行为的建设、员工安全行为的建设、员工及家属的相关行为的建设。

管理者安全行为的建设是指改善管理者对安全工作的关心态度，对现场指挥策略和方式的运用能力，对安全经费的决策及态度，对安全专职人员的任用及态度，在"五同时"方面的表现，责任制范围内的工作表现，学习安全规程、知识、管理等方面的表现，事故发生时的行动、指挥能力及表现等。

员工安全行为的建设是指通过对员工进行三级教育、特殊教育、日常教育、安全宣传、班组建设等使员工遵章守纪，提高员工的操作技能，减少员工的行为失误，改善员工工作态度等。

员工及家属的相关行为建设指企业要关心员工的家庭生活，及时解决员工生活中遇到的困难，使员工安心工作，减少不安全行为等。

[实例]

杜邦的安全文化——安全理念及管理原则

1. 安全理念

（1）建立"所有事故伤害和职业病都是可以预防的"的观念。

（2）建立关心员工的安全与健康至关重要的认识，企业安全生产目标必须优先于其他目标。

（3）员工是公司最重要的财富，每个员工对公司作出的贡献都具有独特性和增值性。

（4）为了取得最佳安全生产效果，管理层针对安全生产必须作出承诺，并作出表率和榜样。

（5）安全生产能提高企业的竞争地位，能在社会公众和客户中产生积极的影响。

（6）为了有效地消除和控制危害，公司和员工都应积极地采用先进技术和设计。

（7）员工自身并不期望自己受到伤害，因此能够进行自我管理，主动预防伤害。

（8）积极参与安全活动，有助于增加安全知识，提高安全意识，提高对危害的识别能力，对预防伤害和职业病有极大帮助和作用。

2. 安全管理原则

（1）把安全视为所从事工作的一个组成部分。

（2）把安全和健康作为就业的一个必要条件，每个员工都必须对此条件负责。

（3）要求所有员工都要对自身的安全负责，同时必须对其他职员的安全负责。

（4）管理者对伤害和职业病的预防负责，对工伤和职业病的后果负责。

（5）提供一个安全的工作环境。

（6）遵守一切职业安全卫生法规，并努力达到高于法规的要求。

（7）员工在非工作期间的安全与健康也是我们关心的范畴。

（8）充分利用安全知识来帮助我们的客户和社会公众。

（9）使所有员工参与到职业安全卫生活动中，并使之成为产生和提高安全动机、安全知识和安全成绩水平的手段。

（10）每一名员工都有审查和改进系统、工艺过程的责任。

［实例］

某海洋石油企业的安全文化

建立安全理念：将健康安全环境视为企业文化的重要组成部分，作为企业核心竞争力之一。安全生产能提高企业的竞争地位，能在社会公众和客户中产生积极的影响。健康、安全、环保是企业综合素质的反映。

推崇安全哲学：建立"安全第一"的哲学观念。安全与生产、安全与效益是一个整体，当发生矛盾时，必须坚持"安全第一"的原则。为此，管理层必须作出承诺，领导必须作出表率。

坚持以人为本：坚持人的生命为最高价值的原则。员工是企业的资源，是企业最重要财富，而且是不可再生的财富。关心员工的安全与健康至关重要，必须优先于其他的各项目标。

认识安全效益：追求安全是一种综合效益的观念。安全生产不仅是经济效益，更是社会效益。

建立预防系统：保障安全生产需要人、机、环境的安全系统协调。所有的意外事故和职业病都是可以预防的，但需要建立人、机、环境的安全系统观念，从人机环境的综合治理入手。

把握本质安全：有效地消除和控制危害，需要建立本质安全的科学观念，需要推行科学的管理体系，需要实行风险预防型管理，需要积极采用先进的技术、工艺和设计。

不断持续改进：安全管理的核心是持续改进。健康安全环境非一日之功，需要坚持不懈、持续改进，需要建立现代企业的管理模式和管理体系。

落实安全责任：安全生产人人有责。要将健康安全环境融于生产全过程及每个工作岗位，要落实"谁主管，谁负责"的原则。

完善自律机制：追求企业的自觉管理、自我约束，实行内审监控。内审是企业自我评估和监控的重要手段。

重视相关利益：重视与企业相关方的利益，将承包方、用户的健康、安全、环保纳入企业安全管理的组成部分，关心员工职业以外的安全。

第二节　安全文化建设的方法

安全文化建设是企业预防事故发生的基础性工程，对保障安全生产具有深远的意义，它包括安全宣传、文艺、法制、条规、管理、教育、文化、经济等方面的建设和组织措施。培养和增强安全文化意识，对提高企业从业人员的安全防范意识，减少安全生产事故，尤其是重特大事故具有重要的现实意义。企业安全文化建设的方式和方法可以说多种多样，不同的企业有不同的特点，所采取的方式也有不相同。以下着重阐述几点以供参考。

制定安全生产方针

我国现行的安全生产方针是"安全第一，预防为主，综合治理"。

1. 安全第一

"安全第一"就是要求企业的管理者把安全和生产统一起来，抓生产首先要抓安全，尤其是当生产与安全发生矛盾时，生产要服从安全。

2. 预防为主

"预防为主"是实现"安全第一"的基础，就是要求企业做到防微杜渐、防患于未然，把现行的安全管理由过去传统的事故处理型转变为事故预防型，把工作的重点放在预防上。

3. 综合治理

综合治理强调标本兼治，重在治本。在采取断然措施遏制重特大事故，实现治标的同时，积极探索和实施治本之策，综合运用科技手段、法律手段、必要的行政手段，解决影响、制约我国安全生产的历史性、深层次问题。

安全负责人可根据企业实际提出本企业的安全生产方针。

[实例]

领导安全承诺，全员安全责任，体现安全为本，推行科学管理，建立预防体系，追求本质安全，完善自律机制。

强化现场管理为基础

一个企业是否安全，首先表现在生产现场，现场管理是安全管理的出发点和落脚点。企业在生产过程中不仅要注意自然环境和机械设备等，还要管控员工的不良行为。所以，企业需要加强现场管理，搞好环境建设，确保机械设备安全运行；加强员工的行为控制，健全安全监督检查机制，使员工在安全、良好的作业环境和严密的监督、监控管理下工作。为此，企业要搞好现场文明生产、文明施工、文明检修的标准化工作，保证作业环境整洁、安全，规范岗位作业标准，预防"人"的不安全因素，使员工干好标准活、放心活。

制定规范的安全管理制度

人的行为养成，一靠教育，二靠约束。约束就必须有标准，有制度。建立健全一整套安全管理制度和安全管理机制，是搞好企业安全生产的有效途径。而健全安全管理法规的目的是让员工明白什么是对的，什么是错的，应该做什么，不应该做什么，违反规定应该受到什么样的惩罚，从而使安全管理有法可依，有据可查。安全管理制度一般包括：

1. 安全检查制度

安全检查制度包括车间班组日常安全检查制度、重大危险设备检查制度、特种设备安全检查制度、安全管理检查制度。

2. 安全教育培训制度

安全教育培训制度包括三级安全教育制度、特种作业人员安全教育制度、员工日常安全教育制度。

3. 责任制

责任制包括厂长（经理）安全生产职责、分管副厂长（经理）安全生产职责、各部门负责人安全生产职责、各岗位安全作业职责等。

4. 工艺及技术安全管理制度

工艺及技术安全管理制度包括改建、扩建"三同时"制度，原材料采购安全预审制度，工程分承包方评定与监控制度，设备维修改造安全预评价制度。

5. 安全报告制度

安全报告制度包括事故报告制度、隐患报告制度等。

6. 文件管理制度

文件管理制度包括事故档案资料管理制度，安全技术、工业卫生技术文件资料管理制度，安全教育卡片管理制度等。

7. 现场管理制度

现场管理制度包括现场动火制度、机械维修安全管理制度、电器维修安全管理制度、班组台账管理制度、用工安全管理制度、特种作业人员用工制度等。

8. 安全机构工作制度

安全机构工作制度包括安全生产例会制度、从业人员培训制度、安全生产委员会或安全检查鉴定委员会等。

9. 事故处理制度

事故处理制度包括各类事故的调查、分析、报告处理程序和制度。

10. 消防管理制度

消防管理制度包括消防责任制实施办法、要害部位防火管理规定、建筑设施防火审核程序规定、工业动火管理规定、火灾事故管理办法、消防设施及防雷避电装置管理办法等。

11. 交通安全管理制度

交通安全管理制度包括道路交通安全责任制实施办法、厂内交通运输安全管理办法、交通违章与交通事故处理办法、起重搬运安全管理办法等。

12. 特种设备管理制度

特种设备管理制度包括锅炉安全管理规定、压力容器安全管理规定、液化气瓶安全管理规定、制冷装置安全管理规定等。

13. 生产安全管理制度

生产安全管理制度包括职业安全卫生"三同时"管理实施细则、基层班组"三标"建设管理办法、班组安全台账管理细则、安全措施项目管理办法、安全用电管理办法、危险场所控制管理办法、重大隐患管理制度等。

14. 劳动保护用品管理制度

劳动保护用品管理制度包括员工劳动防护用品管理规定、职业健康管理制度、有害作业管理办法、职业病防治管理办法、女工劳动保健实施细则、劳动强度分级实施细则等。

15. 危险品安全管理制度

危险品安全管理制度包括化学危险品管理办法、放射源使用管理办法、易燃易爆物品安全管理办法等。

16. 应急管理制度

应急管理制度包括危险事件分类与应急措施细则、重大事件应急组织管理细则、应急救援实施细则等。

建立安全预防体系

企业要在管理上实施行之有效的措施，建立起一套从企业到车间、班组层层检查、鉴定、整改的预防体系。

1.企业成立安全检查鉴定委员会

企业成立由各专业的专家组成的安全检查鉴定委员会，每季度对重点装置进行一次检查，并对各厂提出的安全隐患项目进行鉴定，分企业级、厂级整改项目进行归口并及时进行整改。

2.分厂成立检查鉴定组织机构

各分厂也相应成立安全检查鉴定组织机构，每月对所管辖的区域进行安全检查，并对各车间上报的安全隐患项目进行鉴定，分厂级、车间级整改项目，责成责任人进行及时整改。

3.车间成立安全检查小组

车间成立安全检查小组，每周对所管辖的装置（区域）进行一次详细检查，能整改的立即整改，不能整改的上报分厂安全检查鉴定委员会，由上级部门进行协调处理。同时，车间要重奖在工作中发现并避免重大隐患的员工，调动每一位员工的积极性，形成一个从上到下的安全预防体系，从而堵住安全漏洞，防止事故的发生。

开展安全教育

对于管理人员、操作人员，特别是关键岗位、特殊工种人员，企业要进行强制性的安全意识教育和安全技能培训，使员工真正懂得违章作业的危害及严重后果，提高员工的安全意识和技术素质。

1. 日常安全教育

■ 经常性安全教育

经常性安全生产教育的形式主要分两大类：一类是采用安全活动日、班前班后会、安全会议、安全技术交流、广播、黑板报、事故现场会、安全教育陈列室、安全卫生展览会、放映安全电影和录像、安全考试、安全讲演、安全竞赛等；另一类是在生产过程中坚持班前布置安全、班中检查安全、班后总结安全的制度和员工违章离岗安全教育、工伤事故责任者安全教育等。这些方式都可收到较好的安全教育效果。

◎ 提醒您 ◎

经常性的安全教育，具有长期性和艰巨性的特点，员工的经常性安全教育，应贯穿于整个生产活动之中。

■ "四新" 和变换工种教育

"四新" 和变换工种教育，是指采用新工艺、新材料、新设备、新产品时，或员工调换工种时，进行新操作方法和新工作岗位的安全教育。

"四新" 和变换工种教育由技术部门负责进行，其内容主要有：

①新工艺、新产品、新设备、新材料的特点和使用方法；

②投产使用后可能导致的新危害因素及其防护方法；

③新产品、新设备的安全防护装置的特点和使用方法；

④新制定的安全管理制度及安全操作规程的内容和要求。

"四新" 和变换工种教育后，员工要进行考试，考试合格后，要填写 "四新" 和变换工种人员安全教育登记表。

■ 安全继续工程教育

安全继续工程教育是指那些已经接受过大专院校教育，并已在工作岗位上工作的科技人员、管理人员和企业的领导者，经过一定时期，必须继续接受安全知识和劳动保护新知识的教育。

随着生产技术、机器设备、安全要求的改变，人员的安全知识和技能也应相应提高，这样才能满足进一步的生产安全需要。

安全继续工程教育是从不同专业、不同水平等具体情况出发安排学习内容的，因此要求具有较强的针对性、理论性和实用性。这一层次的教育，主要是对专职从事安全管理的领导、企业主管安全的负责人、安全工程技术人员的培训教育。特别是新任职的领导，必须经过安全专业培训，考试合格后才能上岗工作。

◎ 提醒您 ◎

　　企业在日常工作中可根据需要对特定对象进行一些日常安全教育，这些日常安全教育的内容可根据企业自身的具体情况确定。

■ 日常安全教育方法

企业进行日常安全教育的方法可以有很多种，其目的是更好地对员工进行安全教育，使安全教育的内容更容易被员工接受并实现。企业可以选用以下一些安全教育方法：

①安全宣传画。

不同的安全宣传画以不同方式促进安全。宣传画主要分为两类：

正面宣传画，说明小心谨慎、注意安全的好处；

反面宣传画，指出粗心大意、盲目行事的恶果。

虽然宣传画只是促进安全的辅助措施，不能代替良好的管理、正确的计划、良好的工作习惯和完善的防护装置，但是宣传画可以促使员工更加了解安全的重要性，具有较好的提醒作用。

◎ 提醒您 ◎

> 宣传画的广告板应该醒目，要画得吸引人，而且要定期更换。

②影片。

为培训专门摄制的影片，对解释新的安全装置或新的工作方法是特别有用的。电影可以示范实验室试验、分析技术过程，用有条理的方法解决疑难和复杂问题，并可以用慢动作再现快速发生的事件序列，使员工可以清楚地看到动作的每一个细节，从而有效提高学习的效果。

但是，在使用影片教学时，企业应注意电影所反映的内容应符合正常生产条件，如实地反映出员工的感觉、习惯和情况。这是因为电影无论怎样好，如果脱离了员工的实际情况，不但不能保证安全，还会对生产带来不利影响。

③展览。

展览是以非常现实的方式使员工了解危害和掌握怎样排除危害的措施。展览与有一定目的的其他活动结合起来时，可以收到最佳效果。

④报告、讲课和座谈。

报告、讲课和座谈也是安全宣传教育的有力工具，特别是在新员工入厂时，这种形式的安全教育，可以使他们对安全生产问题有一个总体的了解。针对安全规则、事故状况、保护措施等问题进行的专题讲座，能使员工与讲解人有直接接触和交换意见的机会，可以加强宣传教育的效果。

⑤安全宣传资料。

安全宣传资料包括：

定期出版的安全杂志、简报，描述新的安全装置、操作规则等方面的调查和研究成果，以及预防事故的新方法等配有图示说明的文章；

小册子和宣传单、安全邮票、工资袋封皮上的图示和标语等；

劳动监察和研究机构的报告、一般安全手册、特殊问题手册及各种技术论文、数据表等相关文献资料。

⑥安全竞赛和安全活动。

经常开展深入细致的安全活动是必要的，主要办法是在某个范围内开展安全日、安全周或安全月活动。企业在开展活动时，可以集中在一个专门问题上。

开展安全竞赛活动，可以提高员工安全生产的积极性，因此企业应该把安全竞赛列入企业的安全计划中。企业可以在车间、班组间进行安全竞赛，并对优胜者给予奖励。

2. 管理人员安全教育

■ 企业高级管理人员的安全教育

厂长（经理）是企业行政最高领导者，是企业生产经营、行政管理的全权负责人。对其进行的安全教育应从以下几个方面着手：

①明确具体职责。

厂长（经理）的具体职责包括：

负责本企业的安全工作，并直接领导本企业的安全专职机构和人员开展日常的安全管理工作；

贯彻执行国家和上级有关安全生产的方针、政策、指示和各种规章制度；

在计划、布置、检查、总结生产工作的同时，要计划、布置、检查、总结安全生产工作；

组织、领导制订劳动保护措施计划，合理安排措施所需经费，并组织力量保证措施计划的实施。

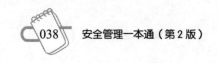

②明确培训内容。

对高级管理人员应进行安全生产方针、政策、法规、安全规章制度、基本安全技术知识和基本安全管理知识的教育，深化他们对安全生产方针的认识，增强其责任感和自觉性，使他们懂得并掌握基本的安全技术和安全管理方法。只有这样，高级管理人员才可能制订安全计划和指导安全工作。

■ 技术管理人员的安全教育

工程技术人员与安全生产有着密切的关系，特别是在产品的计划、研制阶段和新工艺、新技术、新材料的研究试用阶段。

技术管理人员的安全教育内容包括：

①安全生产方针、政策和法制教育；

②本职安全生产责任制、"三同时"与"五同时"、实现安全教育的措施，以及工作中他们应承担的责任；

③典型事故案例；

④系统的安全工程知识；

⑤基本的安全技术知识。

另外，以总工程师为首的技术管理人员的具体职责有：

贯彻上级有关安全生产和劳动保护的方针、政策、法令、指示和规章制度，负责制定本单位安全生产规章制度并认真贯彻执行；

每季度主持召开车间、科室领导人员会议，分析本单位的安全生产形势，制定相应措施；

每年组织数次以查思想、查制度、查纪律、查事故隐患为主要内容的全员性安全大检查，对检查中发现的重大问题负责制订措施计划，并组织有关部门实施。

◎ **提醒您** ◎

> 企业的管理人员是生产过程中的指导者和决策者，他们对安全的重视程度和对安全技术的掌握程度直接影响着整个安全管理活动。因此，企业必须要对各部门管理人员进行安全教育。

■ 专职安全技术管理人员的安全教育

专职安全技术管理人员安全教育的目的是，让他们学习全面系统的安全知识和接受正规系统的专门教育，以利于他们从事具体的安全管理和安全技术工作。

专职安全技术管理人员的具体职责包括：

组织协助有关部门和单位制定或修改劳动保护操作规程和有关的规章制度，并对这些规程、制度的贯彻执行情况进行督促检查；

有计划地对员工进行安全生产教育和培训，搞好特种作业人员的安全教育和考核工作；

协助领导组织好日常的安全检查工作，发现重大隐患时，有权指令先停止生产，并立即报告领导研究处理。

■ 行政人员的安全教育

企业不应忽视对行政管理人员进行安全教育。教育的内容主要是安全生产方针政策和法制教育、基本安全技术知识，以及他们本职的安全生产责任制，目的是使他们提高责任感和自觉性，主动支持安全工作。

3.新员工三级安全教育

新入厂的员工在走上工作岗位之前，必须由厂、车间、班组对其进行劳动保护和安全知识的初步教育，以减少和避免由于安全技术知识缺

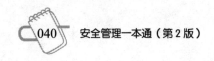

乏而造成的人身伤害事故。

■ 厂级安全教育

厂级安全教育是对新入厂的员工、调动工作的员工在分配到车间和工作地点之前，由厂人力资源部门组织、安全部门负责实施的初步安全教育。教育内容包括：

①安全生产的方针、政策法规和管理体制；

②工厂的性质及其主要工艺过程；

③本企业劳动安全卫生规章制度及状况、劳动纪律和有关事故的真实案例；

④工厂内特别危险的地点和设备及其安全防护注意事项；

⑤新员工的安全心理教育；

⑥有关机械、电气、起重、运输等安全技术知识；

⑦有关防火、防爆和工厂消防规程的知识；

⑧有关防尘、防毒的注意事项；

⑨安全防护装置和个人劳动防护用品的正确使用方法；

⑩新员工的安全生产责任制等内容。

◎ 提醒您 ◎

新员工须经培训，考试合格后，才能被分配到车间。

■ 车间安全教育

车间安全教育是新员工或调动工作的员工在分配到车间后，由车间主管安全的主任负责进行的第二级安全教育。教育内容有：

①本车间的生产性质和主要工艺流程；

②本车间预防工伤事故和职业病的主要措施；

③本车间的潜在危险及其注意事项；

④本车间安全生产的一般情况及其注意事项；

⑤本车间的典型事故案例；

⑥新员工的安全生产职责和遵章守纪的重要性。

■ 班组（岗位）安全教育

班组（岗位）安全教育是由工段、班组长对新到岗位工作的员工进行的上岗之前的安全教育。教育内容有：

①工段或班组的工作性质、工艺流程、安全生产的概况；

②新员工将要从事工作的生产性质、安全生产责任制、安全操作规程和其他相关安全知识，以及各种安全防护、保险装置的使用；

③工作地点的安全生产和文明的具体要求；

④容易发生工伤事故的工作地点、典型事故案例介绍；

⑤正确使用和保管个人防护用品；

⑥发生事故以后的紧急救护和自救常识；

⑦工厂、车间内常见的安全标志和安全色的介绍；

⑧工段或班组的安全生产职责范围。

4. 特种作业人员安全教育

特种作业，是指容易发生人员伤亡事故，对操作者本人、他人及周围设施的安全有重大危害的作业。

在企业的生产中存在一些特殊的作业岗位，这些岗位对操作人员的技术性要求较高，而且危险性较大。因此，企业有必要对这些特种作业岗位的操作人员进行安全教育及安全技能培训。

■ 特种作业人员具备的条件

根据国家规定，特种作业人员必须具备以下基本条件：

①年满18周岁，且不超过国家法定退休年龄；

②经社区或者县级以上医疗机构体检健康合格，无妨碍从事本工种作业的疾病和生理缺陷；

③具有初中及以上文化程度，危险化学品的特种作业人员应具备高中或相当于高中及以上文化程度；

④具备必要的安全技术知识与技能；

⑤相应特种作业规定的其他条件。

■ 特种作业人员的培训方式

特种作业人员的培训方式可以分为岗前培训和在岗培训两种。

岗前培训一般集中进行，以提高特种作业人员的操作技能。企业应严把考试关，只给考试合格者发操作证，并准予上岗操作。

对于所有取得操作证的特种作业人员，企业要在生产中加强安全监督和实施管理措施，定期检查其操作技能，并根据生产需要对其进行在岗培训。

开展安全科技活动

安全科技活动包括技术及工艺的本质安全化，标准化车间、班组和岗位建设，应急预案，应急演习，"三治"工程（治烟、治尘、治毒），"三点"控制（事故多发点、事故危险点、尘毒危害点），隐患整治等。

1. 技术及工艺的本质安全化

技术及工艺的本质安全化是指通过先进的科学技术手段，改进生产设备及生产工艺，以提高各种条件下人机界面的安全性，从而实现本质安全。

2. 标准化建设

标准化建设是指对车间、班组、岗位进行安全标准化作业建设。标准化作业活动的内容包括：制定作业标准、落实作业标准和对作业标准进行监督考核。

3.应急预案

应急预案指针对企业可能发生的火灾、爆炸、泄漏等事故而设计的应急实施方案，其目的是使企业能够根据危险性级别，作出快速的反应和高效的应对。

4.应急演习

应急演习包括火灾应急演习、爆炸应急演习、泄漏应急演习等。

火灾应急演习是按照应急预案模拟发生火灾时车间各岗位人员的逃生、财产救护、消防器材的正确使用等技能的演习。

爆炸应急演习是对可能发生爆炸事故的车间，按照应急预案进行模拟的应急处理、逃生等演习。

泄漏应急演习是针对可能发生毒物泄漏的车间，按照应急预案进行现场应急处理的演习。

5."三治"工程

"三治"指治烟、治尘、治毒。企业应通过采用各种新技术、新方法，落实安全生产的工程技术对策，尽力实现物态的本质安全化。

6."三点"控制

"三点"控制是指对事故多发点、事故危险点、尘毒危害点进行重点控制。企业应定期以车间或岗位为单位，进行有目标、责任明确的分级管理，使危险性和危害性严重的生产作业点得到有效管控。

7.隐患整治

隐患整治是指通过技术革新、改造工艺等方式，对生产技术及工艺中存在的隐患进行分期、分批的改造、整治，以便按隐患的严重性程度，

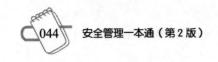

进行有计划的达标整治（LEC 评价法）。

开展安全管理活动

安全管理活动包括全面安全管理、"四全"安全管理、"三群"对策、"三责任"制、系统管理工程、无隐患管理、"定置"管理、"6S"活动、保险对策等。

1. 全面安全管理

全面安全管理是通过安全文化建设，以定员、定岗、定责的方式进行责任制建设及各种法规文件、技术标准建设。

2. "四全"安全管理

"四全"指全员、全面、全过程、全天候。企业应通过动员全体员工进行"四全"管理，以实现人人、处处、时时把安全放在首位的目标。

3. "三群"对策

"三群"对策是指安全生产推行群策、群力、群管。群策：人人献计献策；群力：人人遵章守纪；群管：人人参与监督检查。

4. "三责任"制

"三责任"制是指通过各种教育手段学习规程、制度，从文化精神的角度激励情感，从行政与法制的角度明确责任：向员工负责，向家人负责，向自己负责。

5. 系统管理工程

系统管理工程是指通过专题研究、分析报告的方式对人员、设备、环境进行安全性分析，并制定相应对策，从而找出问题，提出整改措施。

6. 无隐患管理

无隐患管理是指在企业的安全管理工作中，自下而上地以"无隐患"为完全管理的目的，通过对隐患的分类、分级、建档、报表、统计、分析等手段，对生产过程中的隐患进行有目标的控制性管理，并把对隐患的查找与消除的程度及其效益作为评价安全工作的重要考核指标。

7. "定置"管理

"定置"管理是指通过严格的标准化设计和建设，对工作车间（岗位）和员工操作行为进行定置管理。其目的是创造良好的生产物态环境，使物态环境隐患得以消除；控制人员作业操作过程的空间行为状态，使行为失误减少和消除。

8. "6S"活动

"6S"是指整理、整顿、清扫、清洁、素养、安全。企业可通过"6S"活动改变工作环境，使员工养成良好的工作习惯和生活习惯，从而达到提高工作效率、提升员工素质、确保安全生产的目标。

9. 保险对策

保险对策是指通过对保险效果进行分析、对比和研究，提出新的对策，以达到有效投保、提高安全投资效益的目的。

开展安全宣传活动

企业要增强凝聚力，当然要靠经营上的高效益和员工生活水平的提高，但心灵的认可、感情的交融和共同的价值取向也必不可少。开展丰富多彩的安全宣传活动，是增强员工凝聚力、培养安全意识的一种好形式。因此，企业要广泛地开展认同性活动、娱乐活动、激励性活动、教育活动；张贴安全标语；举办安全论文研讨会、安全知识竞赛、安全演讲、事故安全展览；建立光荣台、违章人员曝光台；评选最佳班组、先进个人；开展安全竞赛活动；进行安全考核，实行一票否决制。企业要通过各种活动方式向员工灌输和渗透企业安全观，取得广大员工的认同。

◎ 提醒您 ◎

　　企业开展"安全生产年""百日安全无事故""创建平安企业"等一系列活动，要与实际相结合，要把活动最根本的落脚点放在基层车间和班组上，因为只有基层认真地按照活动要求结合自身实际，制定切实可行的实施方案，扎扎实实地开展安全教育活动，不走过场，这些活动才会收到实效，才能使安全文化建设更加完善。

[实例]

壳牌石油公司的安全文化

　　壳牌石油公司的安全文化体现在以下几个方面：

1. 管理层的安全承诺

　　计划与评估各项工程、业务及其他营业活动，须以安全成效为优先考虑的事项；总裁级人员必须关注各类意外事故，直接参与伤亡事故的研讨和落实有关措施；聘用经验丰富及精明能干的人才专职担任安全部门人员；提供必要资金用于创造及重建安全工作环境；自身树立良好榜样，不许有任何漠视公司安全标准及准则的行为；系统地参与所辖各部门进行的安全检查及安全会议；在公众和公司集会上及在内部刊物上推广安全信息；每日发出指令时要考虑安全事项；将安全事项列为管理层会议的议程要项，同时应在业务方案及业绩报告内突出强调安全事项；管理层的责任是确保全体员工获得正确的安全知识及训练，并使他们推动壳牌集团及承包商的员工具备安全工作的意愿；改变员工态度是成功的关键。

2. 妥善的安全政策

制定预防各项伤亡事故发生的政策，制定各级管理层的安全责任，树立安全目标与其他经营目标同样重要的意识，营造安全的工作环境，订立各种安全工序，确保安全训练成效，培养安全的意识、兴趣及热诚，建立个人对安全的责任等。

3. 明确各级管理层的安全责任

高层管理人员务须制定一套安全政策，并确保具备落实此套政策所需的安全机构组织。安全事项为各级管理层的责任，责任须列入现有管理组织的职责范围。各级管理层对安全的责任及义务，必须清楚地界定于职责范围手册内。

4. 设置精明能干的安全顾问

企业设置安全部门，其专业人员须具备充分的专业知识，并与各级管理层时刻保持联络。其职责是：向管理层提供有关安全政策、公司内部检查及意外报告与调查的指引，向设计工程师及其他人士提供专业安全资料及经验（包括数据、方法、设备及知识等），指导及参与有关制定指令、训练及练习的工作，就安全发展事项与有关公司、工业及政府部门保持联络，协调有关安全程序的监督及评估事项，给予管理层有关评估承包商安全成效的指引。

5. 制定严谨而广为认同的安全规范和标准

安全规范和标准的成败取决于人们遵守的程度。当标准未被遵行时，经理或管理人员务必采取相应行动。假如标准遭到反对而未予纠正，则标准的可信性及经理的信誉与承诺就会被质疑。

除上述方面，壳牌石油公司的安全文化还包括：进行安全成效的评价，制定可行的安全目标及指标，定期对安全状况及效果进行检查审核，进行有效的安全教育和培训，强化伤亡事故的调查及预防跟进工作，进行有效的管理运行及沟通。

▶▶ **探究·思考** ◀◀

1. 安全文化建设的内容有哪些？

2. 安全管理制度有哪些内容？

3. 如何进行新员工三级安全教育？

4. 安全管理活动包含哪些方面？

第三章
作业安全管理

本章学习重点：

- 了解生产作业环境布置的要求，掌握各种不安全作业环境的改善方法
- 了解作业过程安全管理的对策措施，掌握各项对策措施的具体应用方法

主题词： 作业安全管理　作业环境

第一节　创造良好的作业环境

作业环境的好坏直接影响操作安全和员工的健康安全，安全负责人须运用自己的知识为企业创造一个良好的作业环境。

作业环境设计

生产作业环境是指劳动者从事生产劳动的场所的安全卫生状况，它包括生产工艺、设备、材料、工位器具、操作空间、操作体位、操作程序、劳动组织、气象条件等。

生产作业环境的设计力求形成一个良好、安全的作业环境，以保证操作人员在作业环境中，既能迅速、正确地完成任务，又能在连续的工作中无疲劳感，并且在长期工作中，作业环境对人体健康无任何不良影响。生产作业环境设计主要包括温度、湿度、照明与色彩、噪声与振动、微气候、特殊工作环境等方面的设计。

1. 照明设计

环境照明设计是指给作业环境提供高质量照明，恰当地确定视野范围内的亮度，消除耀眼的眩光，创造一个舒适、令人愉快的照明条件。

■ 照度标准

作业中的照明包括自然光和人工光。自然光的光质好、照度大、光线均匀，因此企业在可能的条件下应尽量采用自然光照明。

照度的大小应遵循一定的标准。合适的照度值不仅能减少视觉疲劳，而且对提高生产率也有很大帮助。图3-1给出了劳动生产率、视觉疲劳与照度的关系。由此图可得出一般性结论，在一定范围内照明条件的改善可提高工作效率。

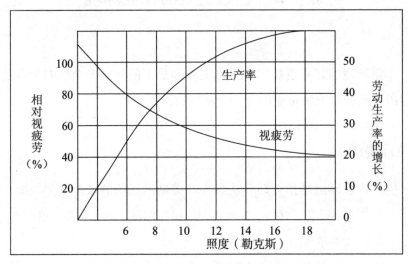

图3-1 劳动生产率、视觉疲劳与照度关系

■ 眩光处理

眩光是指由于视野中光源或反射面亮度太大，或者光源与其背景之间亮度比太大而引起的视觉不适或视觉目标能见度下降的视觉现象。眩光在作业中会产生副作用，因此降低眩光效应是照明环境设计中的重要一环。企业常采用的措施主要有：

①眩光源尽可能远离视线；

②选用眩光指数小的灯具；

③用挡光板、灯罩等遮挡眩光源光线；

④佩戴固定减光护目镜，防止失明眩光效应；

⑤提高眩光源周围环境的亮度，减小亮度反差；

⑥用较多的低亮度光源来代替少数的高亮度光源。

2.温度和湿度设计

空气的温度和湿度是热环境的两个主要因素，它们之间不仅密切相关，而且可以互换。

人体在生理学上有一个最适宜温度，另外在主观感受上也有一个舒适的温度范围。下表是有关体力劳动和脑力劳动的最适宜温度。

表 3-1 体力劳动和脑力劳动的最合适温度

干球温度（℃）	实效温度（℃）	体力劳动		脑力劳动
		RMR3.5	RMR1.7	RMR0.3 ~ 0.4
20	18	很好	好	不喜欢
25	22	不舒适	很好	好
30	26	不喜欢	不舒适	不舒适

空气湿度对人体热平衡和冷热感也有很大的影响。在高温高湿情况下，人会因散热困难感到透不过气；若将温度降低，则能促进散热，使人体感到凉爽。在低温高湿下，人们则会感到阴冷。通常相对湿度在30% ~ 70% 时较为舒适。

另外，衣着的调节也很重要。在特殊环境中，员工应穿着防寒、防暑服装。服装的设计要达到着装后服装内温度保持正常的效果，而且穿着步行也不易使人产生疲劳，具有良好的运动性。

3.振动及其控制

物体沿直线或弧线周期性地经过某一中心位置（即平衡位置）的运动称为振动。振动物体离开中心位置的最大距离称为振幅，单位时间内所完成的振动次数称为频率。物体振动时其速度和加速度都随时间呈周期性变化。人对振动的感觉不仅取决于振动的强度，而且与振动频率有关。

■ 振动对工作的影响

振动对人体的影响因其强度、频率、方向及作用时间的不同而不同。人体内不同系统对振动的敏感程度也有所不同：局部振动能引起神经系统、循环系统、骨关节肌肉运动系统的障碍，以及其他各系统不同程度的机能改变；全身振动能引起前庭器官、内分泌系统、循环系统、消化系统和植物性神经功能等的一系列变化，并使人产生疲劳、劳动能力减退等主观感觉。

无论是局部振动还是全身振动，振动对人体作业效绩的影响主要表现为人的动作控制力的减弱，尤其是对四肢、头部和眼球的控制能力的影响。人在作业时必须努力去克服由振动造成的控制运动困难。

■ 振动控制

研究振动的目的是通过一定的措施来减少或消除振动源，或减小振动对人体的危害。通常可以采用以下几条途径来控制振动：

①减少或消除振动源。这是减小振动危害最根本的措施，具体包括：改进生产工艺过程、改进振动工具、采取隔振措施。

②限制接触振动的时间。

③个人防护，如使用防振手套、防振鞋等。

4.噪声及其控制

噪声是指引起人们不愉快的声音。它妨碍说话，影响信息传递的清晰度，严重时会引起耳痛，损伤听力。从物理学意义上讲，噪声是指那些不同频率和不同强度无规律的杂乱混合的声音；从卫生学意义来讲，噪声还包括那些不需要的、强度过大的声音。噪声会使人产生反感、厌恶感和疲劳感，并使工作效率下降。

■ 噪声对工作的影响

噪声对工作的危害在于它影响听力或者干扰听觉信号辨别，同时引发生理、心理效应，从而影响操作者的知觉水平和信息传递。影响具体表现为：

①高频噪声（大于2000赫）对操作的干扰比低频噪声更大；

②持续稳定噪声强度大于95分贝时，可使操作者操作水平降低；

③间歇、非稳定、突发性噪声比强度相同的持续稳定噪声危害更大；

④95分贝以下的中等水平噪声对人的作业，特别是有记忆过程参与的作业会产生一定的影响；

⑤噪声往往不影响作业的速度而影响作业的质量，使差错增加；

⑥噪声的负效应往往出现在高难度作业中，而这些作业要求有高水平的知觉或信息处理过程参与。

■ 噪声控制

噪声控制一般从三个方面着手：控制噪声源、控制噪声传播途径，以及给接收者装备合适的防护装置。

①控制噪声源的措施主要指正确设计和改装机器、使用各种减震装置和消音器，以及在机器内外表面装上各种消音材料等。

②控制噪声传播途径主要是使用各种栅栏、围栏、消音板及其他声学处理方法来减少噪声，通过合理布置区域减少噪声，利用自然物阻挡噪声等。

③对接收者进行防护实际是指对人耳进行防护，主要方式有戴耳罩、耳塞、头盔等。企业只有在对噪声源和噪声传播途径的控制无法达到噪声控制标准时，才采取人耳防护的措施。

5. 微气候

微气候是指在特定范围的空间中温度、湿度、气流速度等气候因素的组合。微气候环境条件会对人的生理、心理状态和工作绩效产生影响。创造良好的微气候条件可极大地提高生产、工作和学习的效能。

作业环境布置

1. 作业环境布置的一般要求

第一，车间工艺设备的平面布置，除满足工艺要求外，还需要符合安全和卫生规定。

第二，有害物质的发生源，应布置在机械通风或自然通风的下风侧。

第三，对于产生强烈噪声的设备（如通风设备、清理滚筒等），如不能采取措施减噪时，应将其布置在离主要生产区较远的地方。

第四，布置大型机器设备时，应留有宽敞的通道和充足的出料空间，并应考虑操作时材料的摆放。设备工作地点必须畅通无阻和便于存放材料、半成品、成品和废料。设备和工作必须适合于生产特点，使操作者的动作不致干扰别人。

第五，不允许工艺设备的控制台（操纵台）遮住机器和工作场地的重要部位。

第六，要合理布置各种加工设备，并制定安全距离，保证操作人员具有一定的作业空间，避免因设备间距过小而产生安全隐患。

2. 确定照度

第一，车间工作空间应有良好的照度，一般工作面不应低于 50 勒克斯。

第二，采用天然光照明时，不允许太阳光直接照射工作空间。

第三，采用人工照明时，不得干扰光电保护装置，并应防止产生频闪效应。除安全灯和指示灯外，不应采用有色光源照明。

第四，在室内照度不足的情况下，应采用局部照明，局部照明光源的色调与整体光源相一致。

第五，与采光的照明无关的发光体（如电弧焊、气焊光及燃烧火焰等）不得直接或经反射进入操作者的视野。

第六，需要在机械基础内工作（如检修等）时，应装设照明装置。

第七，局部照明应用 36 伏特的安全电压。

第八，照明器必须经常擦洗和保持清洁。

3. 改善工作地面

第一，车间各部分工作地面（包括通道）必须平整，并经常保持整洁；地面必须坚固，能承受规定的荷重。

第二，工作地面附近不允许存放与生产无关的障碍物，不允许有黄油、油液和水存在。经常有液体的地面，不应渗水，并设置排泄系统。

第三，机械基础应有液体贮存器，以收集管路泄漏的液体。贮存器可以专门制作，也可以与基础底部连成一体，形成坑或槽。贮存器底部应有一定坡度，以便排除废液。

第四，车间工作地面必须防滑。机械基础或地坑的盖板，必须是花纹钢板，或在平地板上焊防滑筋。

4. 符合人机工程学

第一，工位结构和各部分组成应符合人机工程学、生理学的要求和工作特点。

第二，企业应使操作人员舒适地坐着或立着，或坐立交替地在机械设备旁进行操作，但不允许剪切机操作者坐着工作。

第三，操作人员需要坐着工作时，企业作业环境一般应符合以下要求：

工作座椅必须牢固，坐下时双脚能着地；

座椅高度为 400 ~ 430 毫米，高度可调并具有止动装置；

机械工作台下面应有放脚空间，其高度不小于 600 毫米，深度不小于 400 毫米，宽度不小于 500 毫米；

机械的操纵按钮离地面高度应为 700~1100 毫米，当操作者位置离工作台边缘只有 300 毫米时，按钮高度可为 500 毫米；

工作面的高度应为 700~750 毫米，当工作面高度超过这一数值而又不可调时，应垫脚踏板；

脚踏板应能沿高度调整，其宽度不应小于 300 毫米，长度不应小于 400 毫米，表面应能防滑，前缘应有高 10 毫米的挡板。

第四，操作人员需要站立工作时，企业作业环境应符合以下要求：

机械的操纵按钮离地高度为 800~1500 毫米，距离操作者的位置最远为 600 毫米；

为便于操作者尽可能靠近工作台，机械下部应有一个深度不小于 150 毫米、高度为 150 毫米、宽度不小于 530 毫米的放脚空间；

工作面高度应为 930~980 毫米。

总之，为保证员工作业安全，企业应在照明、温度等各个方面进行改善，为操作人员提供良好、安全的作业环境；同时结合人机工程学的科学知识，使操作人员既可以高效地作业，又能够减少疲劳，创建一个安全的工作环境。

有毒作业环境改善

1. 固态毒物环境改善

固态毒物是指一些金属或非金属的化合物，如砷、磷及一些高分子材料。企业应该采取一些必要的措施来预防员工固态毒物中毒。

■ 制定基本防治措施

①消除或减少毒害发生源。在生产中，企业应尽量采用低毒或无毒原材料，以减少中毒机会。

②对于各种毒物的生产，企业也应该采取相应的预防措施及技术措施，如采用碘灭汞法、升华法等。

③改善劳动组织措施。粉尘浓度较高、劳动强度较大的岗位，最好不采用女工；女工怀孕和哺乳期，应调离接触毒物的岗位；对于毒物浓度较高和中毒机会较多的工作，可适当缩短工时；定期监测空气中的毒物浓度；有些工种，可采取短期轮换制等。

④改革工艺，革新技术，使生产过程机械化、密闭化、半自动化和自动化，以代替员工操作，这不仅可以提高生产效率，还可以缩短员工接触毒物的时间。

⑤采取卫生保健措施，如建立休息室、更衣室、浴室等设备。

■ 非金属及其化合物毒物环境改善

为了防止砷、磷等非金属及其化合物的毒害，企业在生产中要采取综合防护措施。措施主要有：

①推行密闭、湿式作业，加强通风，提高自动化、机械化程度，减少接触机会；

②定期测定生产环境的空气中各种毒物浓度，并加以控制，使其符合国家标准；

③培训员工加强个人防护，要求员工必须配备并合理使用防护用品，不将工作服穿回家，不在操作场所进餐。必要时，要求员工戴防毒面具操作；

④就业前对员工进行体检，患各种禁忌症者不允许其参与有关作业。

■ 高分子化合物毒物环境改善

防止高分子化合物生产时产生的中毒危害，主要应从改革工艺技术措施入手。具体措施如下：

①改用低毒、无毒的代用剂；改革工艺，在生产中加强密闭化、连续化、管道化，加强通风；塑料生产上严格控制烧结，裂解温度，降低毒性；

②定期对工人进行体检，及时发现疾病并进行治疗，或为员工调换岗位等；

③进行就业前体检，凡有神经内分泌、心血管及呼吸系统疾病者，不宜参加此类工作；

④加强个人防护。

2.液态毒物环境改善

在工业生产中，企业经常用到一些有机溶剂，它们都具有一定的毒性，企业应该认识它们的毒性，从而制定预防措施。

■ 有机溶剂的危害

表 3-2　有机溶剂的危害

种类	主要作业	影响过程	中毒表现
汽油	接触汽油的主要作业有：石油提炼、内燃机燃料、橡胶生产、喷漆、印刷、制药、人造革生产等。此外，汽油贮运、车辆维修、炼油厂实验室等作业，也常接触汽油	在生产环境中，汽油主要以蒸气形式经呼吸道进入人体，很少经皮肤进入，而经口腔进入则大多是事故所致。汽油蒸气对肺泡没有刺激作用，而是直接进入血液中，并很快转到脂肪丰富的组织器官中	在生产中，汽油中毒大多属于慢性中毒，会导致头疼、头晕、耳鸣、结膜炎、咽喉炎、视力丧失、消化不良等
丙酮	丙酮是一种挥发性液体，主要用于制造硝化纤维、油漆、树脂、橡胶、药等	在生产环境中，丙酮主要以蒸气形式经呼吸道进入人体，部分由肺及肾排出，部分被氧化，急性中毒很少见。人若长期吸入丙酮，会由于蓄积作用而产生慢性中毒	中毒主要表现为植物神经系统障碍，如头疼、头晕、消化不良、咽喉炎等

（续表）

种类	主要作业	影响过程	中毒表现
二硫化碳	它是无色油状液体，在常温下就可蒸发，工业上主要用于制造硫化橡胶、溶解橡胶、防腐剂，并可用于制造蜡纸、人造丝光学玻璃、农业杀虫剂等，并可作为油、蜡及磷的溶剂	二硫化碳主要以蒸气形式经呼吸道进入人体，也可经皮肤进入。进入人体后，它由血液运送至全身，大部分（85%~90%）经解毒后随尿排出	长期吸入二硫化碳蒸气可导致贫血、血压下降、食欲减退、麻痹、精神病乃至痴呆

■ 液态毒物环境改善措施

鉴于各类有机溶剂对人体有不同程度的危害和影响，企业在生产中应采取综合的预防措施，减少或消除这些不利影响。

①技术措施。

技术措施包括：改革工艺过程，实现生产的自动化、机械化、密闭化；以低毒或无毒物质代替毒性大的物质，如用甲苯、二甲苯代替苯；加强通风，及时排出有毒蒸气及粉尘。

②劳动组织措施。

劳动组织措施包括：建立现代安全生产制度和操作规程，防止跑、冒、滴、漏，杜绝中毒事故发生；定期检测车间空气中毒物的浓度，及时采取有效措施，保证毒物浓度不超过国家标准；女员工在生理特殊时期应调离这类作业岗位；有条件时，应实行人员定期轮换，以免员工长期吸入毒物。

③卫生保健措施。

卫生保健措施包括：加强个人防护，坚持个人卫生制度，使用好个人劳保用品；就业前体检，有心、肝、肾、肺、严重疾病及皮肤病患者，不宜从事此类作业；定期对员工进行体检，及时发现疾病并进行治疗。

3.气态毒物环境改善

气态毒物是化学工业生产中的常见职业有害因素，它比固态和液态毒物更容易扩散，而且更不容易察觉，因此企业应对气态毒物加强防护。

■ **有毒气体的危害**

①刺激性气体。

刺激性气体是化学工业中的重要原料、产品和副产品，其种类繁多，最常见的有：冕（硫酸、盐酸、硝酸等）、卤族元素（氯、氟、溴、碘等）、醚类、醛类、强氧化剂（臭氧）、金属化合物（氧化镉）等。刺激性气体具有腐蚀性，在生产过程中容易扩散。外逸的气体通过呼吸道进入人体，可造成中毒事件。它对人体的眼和呼吸道黏膜有刺激作用，以局部损害为主，但是也会引起全身反应。

②窒息性气体。

窒息性气体按其对人体的毒害作用，可分为两类：一类称为单纯性窒息气体，如氨气、甲烷、二氧化碳等，它们本身无毒，但由于它们对氧的排斥，使肺内氧分压降低，因而造成人体缺氧窒息；另一类称为化学性窒息性气体，如一氧化碳、氰化物和硫化氢等，它们的主要危害是对血液和组织产生特殊的化学作用，阻碍氧的输送，抑制细胞呼吸酶的氧化作用，阻断组织呼吸，引起组织的"内窒息"。

■ **有毒气体作业环境改善方法**

为了防止各类气态毒物对人体的危害，企业应着重从改革生产技术和加强个人防护方面入手。

①改革生产工艺，以无毒或毒小的物质代替气态毒物。

②实行生产过程自动化、机械化，加强管道密闭和通风，或进行远距离操作。灌注、贮存、运输液态刺激性气体时，要注意防爆、防火、防漏。

③生产设备要有防腐蚀措施，要经常检修，防止跑、冒、滴、漏。

④初建或扩建厂房时，在选择厂址、配置安全设备和设施、尾气的排放上，必须严格遵守国家规定。

⑤做好"三废"（废气、废水、废渣）的回收利用，定期检测空气中各类毒性气体的含量，如果超过了最高允许浓度，应及时采取措施。

⑥严格遵守安全操作规程，并采取轮换工作的方法。

⑦员工要加强个人防护，工作时穿戴过滤式防毒面具或蛇管式防毒面具、防护眼镜、胶靴、手套，要在皮肤的暴露部位涂防护油膏。

粉尘作业环境改善

粉尘是指生产作业中产生的悬浮在空气中的固体微粒，如煤、水泥粉尘、铝粉尘等。粉尘会导致严重的尘肺病，危害性很人，因此企业必须进行粉尘作业防护。

1. 制定完备的预防制度

表 3-3　完备的预防制度

预防级别	措施
一级预防	1. 综合防尘：改革生产工艺、生产设备，尽量将手工操作变为机械化、密闭化、自动化和遥控化操作；尽可能采用不含或含游离二氧化硅低的材料代替含游离二氧化硅高的材料；在工艺要求许可的条件下，尽可能采用湿法作业；使用个人防尘用品，做好个人防护 2. 定期检测作业环境的粉尘浓度，使作业环境的粉尘浓度达到国家标准规定的范围 3. 根据国家有关规定对员工进行就业前的健康体检，不得安排患有职业禁忌症的员工从事禁忌范围的工作 4. 加强宣传教育，普及防尘基本知识 5. 加强对除尘系统的维护和管理，使除尘系统处于完好、有效状态

（续表）

预防级别	措施
二级预防	1.建立专人负责的防尘机构，制定防尘规划和各项规章制度 2.必须在作业前对新从事粉尘作业的员工进行健康检查 3.必须定期对在职的从事粉尘作业的员工进行健康检查，发现不宜从事粉尘工作的员工，要及时调离
三级预防	及时将已确诊为尘肺病的员工调离原工作岗位，安排合理的治疗或疗养。患者的社会保险待遇应按国家有关规定办理

2. 改进防尘技术

■ 工艺措施改进

①改革工艺设备和工艺操作方法，采用新技术。

②避免选用危害较大的原材料或生产工艺路线是消除和减少粉尘危害的根本途径。

③应使主要工作地点和操作人员多的工段位于车间内通风良好和空气较为清洁的地方，而有严重粉尘污染的工段应放在常年主导风向的下风侧。

■ 采用湿式作业

这是一种简便、经济有效的防尘措施，在生产和工艺条件许可的情况下，企业应首先考虑采用。例如，将物料的干法破碎、研磨、筛分、混合改为湿法操作；在物料的装卸、转运过程中往物料上加水，可以减少粉尘的产生和飞扬；在车间内用水冲洗地面、墙壁、设备外罩、建筑构件，能有效防止二次扬尘。

■ 密闭措施改进

密闭尘源，使生产过程管道化、机械化、自动化，不仅是防止粉尘外逸的有效措施，还可以大大改善劳动条件，减轻劳动强度。

■ 加强通风除尘

这是一种应用广泛、效果较好的技术措施。随着近年来技术水平的提高，各行业通风除尘设备的改进更新，通风除尘设备的应用也越来越广泛。

非常温作业环境改善

企业的生产作业类型和性质各有不同，作业人员在高温和低温环境中作业也是较为常见的。温度过高或过低，会对作业人员产生损害，所以企业应加强非常温作业的防护工作。

1. 高温作业环境改善

为了防止员工在高温作业中发生中暑现象，企业必须采取综合性防暑降温措施。措施主要包括：

■ 技术措施

①合理安排热源。在不影响生产工艺操作的情况下，尽量疏散热量；新建和扩建厂房，应合理布置热源，并采用水隔热、隔热材料等方法隔绝热源。

②合理改革或设计工艺过程，改进生产设备的操作方法，改善高温作业的劳动条件，减少工人接触高温的机会。

③通风降温。加强通风以排除对流热，对于降低车间温度有很大意义。通风降温可分为两种方式：

第一，自然通风。这是最经济有效的通风方式。企业可以采用全面自然通风换气的方式，同时给热源安装排气罩，使其不弥散至车间里。

第二，机械通风。当自然通风不能达到降温要求时，企业应进行机械通风，比如使用电风扇、喷雾风扇、空气沐浴、空气调节器等机械装置。

■ 劳动组织与制度措施

①合理安排劳动时间，实行工间休息的制度或工间插入短暂休息的制度，以利于人体机能恢复。

②设立冷气休息室等。

③在炎热季节露天作业时，应合理调整作息时间，并延长中午休息时间。

④切实贯彻有关防暑降温的政策法令，并且加强宣传教育，切实遵守高温作业的安全规则与制度。

2. 低温作业环境改善

在冬季，生产车间的室内温度一般都比较低。为了防止工人操作受到寒冷环境的影响，企业必须采取一系列防寒防冻措施，其中最主要的措施是采暖。对采暖的设计，不同的操作管理有不同的要求：

第一，在下列情况下，一般宜采用新鲜空气的热风采暖：厂房内所散发的一些气体、蒸气或粉尘等与热管道和散热器表面接触后易引起自燃，厂房内所散发的粉尘（如镁粉、碳化钙尘等）与水接触后会引起自燃或爆炸，厂房内散发有毒升华粉尘（如茶、碘等）和低熔点粉尘（如二硝基甲苯）。

第二，在下列情况下，不宜在工作时间采用空气再循环热风采暖：空气中含有病原微生物（如毛类及破烂布等分选室）、含有有害物质超过最高允许浓度的房间和有极难闻的气味的房间（如熬胶等）；多尘房间，如铸造车间的清砂工段；在生产过程中散发剧毒性物质的房间等。

第三，在下列有采暖设备的仓库和房间内，贮存物与散热器应保持适当距离或加隔热挡板，以免受到直接辐射热的作用：各种气体（如乙炔、氢、氧、氮等）的充瓶间及贮藏库，贮藏闪点在30℃以下的易燃液体（如汽油、苯等）的仓库和房间，贮藏能自燃的固体纤维物质的仓库和房间。

第四，热水或蒸气管道通过可燃结构时，应与可燃结构保持不小于50毫米的距离或用非燃烧材料隔离，也可用非燃烧材料的套管隔开，且两管间空隙不小于5毫米。

第五，在散发易燃、易爆粉尘的房间内，应采用表面光滑的散热器，并与墙壁、窗台、地面保持一定的距离，以便清扫。

第六，在散发易燃、易爆物质的房间，不宜通过热水或蒸气管道；如必须通过时，应将管道进行隔热，并在穿墙处加以密封。

第七，散发有大量爆炸危险的气体、蒸气和粉尘的房间，供热设备不宜在地沟内敷设；如需敷设时，应采用密封沟盖，沟内填满干砂之类的物质，以免有爆炸气体聚集地沟内。

第八，不宜用明火采暖。用蒸气或热水采暖时，散热器的表面温度不宜过高，比如用热水采暖时，散热器表面温度不超过110℃，如厂房不散发可燃粉尘的话，表面温度可提高到130℃~150℃。

第九，在遇水后会造成燃烧、爆炸危险或引起电气事故的厂房内，所通过的热管采用焊接方式连接，并不得设置阀门等管件。

噪声作业环境改善

在生产劳动中，物体的冲撞、机器的转动、电磁性震动、高压气流的喷出及爆破等，均可产生噪声。噪声已经成为危险的污染源，因此企业要采取措施来防止噪声污染的扩散。

1. 噪声对人体的危害

人体生活环境的理想声压是15~35分贝，令人烦恼的声压界限是60分贝。越过这个界限的声音，会敲击人的大脑，破坏听觉神经细胞，使人疲劳、烦恼和精神紧张，损害人体健康并影响人的工作效率。噪声对人体的危害是多方面的，它不仅对听觉器官有损伤，而且会对神经系统、心血管系统、消化系统等产生不良影响。

2. 进行噪声防护

噪声的防护方法有很多，而且在不断地改进。噪声防护的措施主要有：控制声源、控制噪声源传播和加强个人防护。当然，降低噪声的根本途径是对噪声源采用隔声、减震等措施以消除噪声。

■ 控制声源

采取单一的技术措施控制噪声往往是不够的，企业必须从改革工艺结构、提高自动化程度等方面进行综合治理。在设计过程中，企业应从根本上采取措施消除或减小噪声发生源，如把产生噪声的车间与其他厂房隔开；提高制造设备安装的精度，减少轴承的摩擦等。

■ 控制噪声传播

控制噪声传播的主要措施是安装隔离屏、隔离间、隔声机罩，安装消声器等。在建筑工程上，企业应用吸声阻尼材料，如玻璃棉、泡沫塑料、矿渣棉、毛毡、栏板、阻尼浆、轻橡胶等。

■ 加强个人防护

在采取相应的消声措施后噪声仍很强的情况下，个人防护是控制噪声危害的一个重要方面。需要接触噪声时，工人应佩戴防噪声护听器，如耳塞、耳罩、防声帽等。

辐射作业环境改善

辐射是看不见、摸不着的，却能够对人体健康造成很严重的伤害。企业应该了解辐射的危害，进而采取相应的措施加强辐射防护。

1. 辐射的危害

辐射根据其产生的原理一般分为放射性辐射（也称为核辐射）和电磁辐射两类。

■ 放射性辐射的危害

放射性辐射可造成造血器官损伤、消化系统损伤、中枢神经损伤，还可以造成恶性肿瘤、白血病、白内障等。并且，放射性辐射会产生遗传效应，影响受辐射者的后代。

■ 电磁辐射的危害

电磁辐射是非电离辐射。机体在射频电磁场的作用下，能吸收一定的辐射能量，并发生生物学作用——主要是热作用，这会使人体组织升温，从而受到破坏或损伤。在中、短波高频作用下，人体的中枢神经系统会发生机能障碍和以交感神经疲劳紧张为主的植物性神经失调，出现神经衰弱症状。

2. 辐射防护措施

■ 放射性物质表面去污

①去除污染的一般原则。

原则一：要选择合理的去污方法。一般的去污方法有浸泡、冲刷、淋洗和擦洗等，均可在常温下进行。

原则二：要尽早去污。

原则三：在去污过程中要防止交叉和扩大污染。

原则四：要配制合适的去污试剂。

原则五：去污时要做好安全防护。去除大面积污染时，企业应划出"禁区"，严禁任何人随意出入。

②体表去污。

对体表进行去污首先要选择合适的洗涤剂，不能采用有机溶剂（乙醚、氯仿和三氯乙烯等）和能够促进皮肤吸收放射性物质的酸碱溶液，以及角质溶解剂和热水等。员工一般可用软毛刷刷洗皮肤，操作要轻柔，防止损伤皮肤。

■ 防护外照射

外照射是指放射源在人体外，射线对人体产生的照射。外照射防护法通常有三种：时间防护、距离防护和屏蔽防护。

①时间防护。

时间防护就是以减少工作人员受照射的时间为手段的一种防护方法。减少受照射时间的方法有：提高操作技术的熟练程度和采用自动化操作。

②距离防护。

距离防护是指使用一定长度的工具进行操作，如长柄工具。当然，长柄操作不能像用手直接操作那样自如。为使操作准确无误，又能尽量缩短操作时间，这些工具的柄也不能过长。员工在进行适当的训练后才能正式使用这些工具进行操作。

③屏蔽防护。

选择何种屏蔽材料及材料的厚度取决于辐射类型、辐射强度及屏蔽物外面允许的剂量率。

■ 防护电磁辐射

①微波辐射的防护。

企业可通过建造金属屏蔽室防护微波辐射，并应加大场源与工作人员之间的距离。在微波辐射设备制成之后，企业应进行漏能测定。对于漏能主要部位，企业应设置明显的警告标记。企业在工业微波设备上应安装连锁装置，以便在打开设备门时能立即切断微波管电源。同时，企业还要在辐射源与防护对象之间装置活动的屏蔽吸收挡板，给设备加屏蔽罩等。

②高频辐射的屏蔽防护。

所谓高频辐射屏蔽就是采用一切技术手段，将高频电磁辐射的作用与影响局限在指定的空间范围之内。

③工作人员的个人防护。

个人防护用具主要包括微波防护服、防护面具和防护眼镜等。微波防护服是根据屏蔽或吸收原理制成的。目前，企业常用的是由金属丝布、金属喷涂布等材料制成的屏蔽防护服。防护眼镜的基本材料是金属网或镀金膜玻璃。其基本要求是透视度要足够高，不影响视线，屏蔽效果好，重量轻，使用方便。

高处作业环境改善

所谓高处作业是指人在以一定位置为基准的高处进行的作业。国家标准 GB3608-2008《高处作业分级》规定，高处作业为："在距坠落高度基准面 2 米或 2 米以上有可能坠落的高处进行的作业。"根据这一规定，建筑业中涉及高处作业的范围相当广泛。在建筑物内作业时，在 2 米或 2 米以上的架子上进行操作也是高处作业。

1. 高处作业的事故

在高处作业过程中因坠落而造成的伤亡事故，称为高处坠落事故。这类事故在各行业中均有发生，以建筑安装企业居多。

■ 高处坠落事故的类别

高处坠落事故的类别大致分为如下九种：

①洞口坠落（预留口、通道口、楼梯口、电梯口、阳台口坠落等）；

②脚手架上坠落；

③悬空高处作业坠落；

④石棉瓦等轻型屋面坠落；

⑤拆除工程中发生的坠落；

⑥登高过程中坠落；

⑦梯子上作业坠落；

⑧屋面作业坠落；

⑨其他高处作业坠落（铁塔上、电杆上、设备上、构架上、树上，以及其他各种物体上坠落等）。

■ 高处坠落事故的原因

①个性原因。

个性原因是指每类高处坠落事故在发生过程中各自的具体原因。

洞口坠落事故的具体原因主要有：洞口作业不慎使身体失去平衡，行动时误落入洞口，坐躺在洞口边缘休息失足，洞口没有安全防护，安全防护设施不牢固、损坏且未及时处理，没有醒目的警示标志等。

脚手架上坠落事故的具体原因主要有：脚踩探头板，走动时踩空、绊、滑、跌，操作时弯腰、转身不慎碰撞到杆件等使身体失去平衡，坐在栏杆或脚手架上休息、打闹，站在栏杆上操作，脚手板没铺满或铺设不平稳，没有绑扎防护栏杆或损坏，操作层下没有铺设安全防护层，脚手架超载断裂等。

悬空高处作业坠落事故的具体原因主要有：立足面狭小，作业用力过猛使身体失控，重心超出立足面；脚底打滑或不舒服，行动失控；没有系安全带或没有正确使用安全带，或在走动时取下；安全带挂钩不牢固或没有牢固的挂钩位置等。

屋面檐口坠落事故的具体原因主要有：屋面坡度大于25°，无防滑措施；在屋面上从事檐口作业不慎，身体失衡；檐口构件不牢，或被踩断，人随着坠落等。

②共性原因。

共性原因是指任何一次高处坠落事故在发生过程中，均具有由基本原因、根本原因、间接原因和直接原因组成的系列原因。

基本原因是高处作业的安全基础不牢。其表现是：人不符合高处作业的安全要求，物未达到使用安全标准。例如，从事高处作业人员缺乏安全意识和安全技能，身体条件较差或有病，与高处作业相关的各种物体和安全防护设施有缺陷等。

根本原因是高处作业违背建筑规律的异常运动。其表现是：安全规章制度不健全，或有章不循、违章指挥、违章作业等。例如，从事高处作业人员的着装不符合安全要求，在无安全措施保护下冒险蛮干，违反劳动纪律酒后作业等；安全防护设施不完备、不起作用，或被擅自拆除、移动，或在施工过程中损坏未及时修理等。

间接原因是高处作业的异常运动失去了控制。其表现是：由于安全管理不严和没有行之有效的安全制约手段，以致对违反作业安全要求的异常行为和对工具、设备等物质没有达到使用安全标准的异常状态，不能做到及时发现和及时改变。

直接原因是高处作业的异常运动发生了灾变。其表现是：由于人的异常行为、物的异常状态失去了控制，经过量变的异常积累，当人与物异常结合时发生了灾变。例如，人从洞口坠落、从脚手架坠落、从设备上坠落、从电杆上坠落等造成了人身伤害，从而构成高处坠落事故。

2. 高处作业的防护

为了便于员工在作业过程中做好防范工作，有效地防止人与物从高处坠落的事故发生，根据建筑行业的特点，在建筑安装工程施工过程中，对于建筑物和构筑物结构范围以内的各种形式的洞口与临边性质的作业、悬空与攀登作业、操作平台与立体交叉作业，以及在结构主体以外的场地上和通道旁的各类洞、坑、沟、槽等工程的施工作业，只要符合上述条件的，企业均应将其作为高处作业对待，并加以防护。

■ 洞口防护措施

预留口、通道口、楼梯口、电梯口、上料平台口等都必须设有牢固、有效的安全防护设施（盖板、围栏、安全网）；洞口防护设施如有损坏必须及时修缮；严禁擅自移位、拆除洞口防护设施；在洞口旁操作要小心，不应背朝洞口作业；不要在洞口旁休息、打闹或跨越洞口及在洞口盖板上行走；洞口必须挂醒目的警示标志等。

■ 脚手架防护措施

要按规定搭设脚手架、铺平脚手板，不准有探头板；要把防护栏杆绑扎牢固，挂好安全网；脚手架荷载不得超过 270 千克 / 平方米；脚手架离墙面过宽应加设安全防护；要实行脚手架搭设验收和使用检查制度，发现问题及时处理。

■ 安全网

按规定要求设置安全网，保证安全网的规格、质量安全可靠：凡 4 米以上建筑施工工程，在建筑的首层要设一道 3~6 米宽的安全网；如是高层施工，首层安全网以上每隔 4 层还要支一道 3 米宽的固定安全网；如果施工层采用立网做防护，应保证立网高出建筑物 1 米以上，而且立网要搭接严密。

■ 悬空高处作业防护措施

加强施工计划与各施工单位、各工种之间的配合；尽量利用脚手架等安全设施；避免或减少悬空高处作业；操作人员要避免因用力过猛而身体失衡；悬空高处作业人员必须穿软底防滑鞋，同时要正确使用安全带；身体有病或疲劳过度、精神不振等情况下不宜从事悬空高处作业。

■ 屋面檐口防护措施

在屋子面上作业的人员应穿软底防滑鞋；屋面坡度大于 25° 时应采取防滑措施；在屋面作业不能背向檐口移动；使用外脚手架的工程施工时，外排立杆要高出檐口 1.2 米，并挂好安全网，檐口外架要铺满脚手板；没有使用外脚手架的工程施工时，应在屋檐下方设安全网。

第二节 作业过程安全管理

作业过程即以一定方式组织起来的员工群体，在一定的作业环境内，使用设备和各种工具，采用一定的方法把原材料和半成品加工制造组合成成品，并安全运输和妥善保存的过程。大部分工伤事故都是在作业过程中发生的。因此分析和认识作业过程中的不安全因素并对其采取对策加以消除和控制，对于实现安全生产是至关重要的。作业过程是以人为主体进行的，所以实现作业过程安全化应主要着眼于消除人的不安全行为。对此采取的措施应该包括：劳动组织科学化、制定安全作业基准、改善作业方法、推进作业标准化、实行确认制、操作者人为失误预防等。

劳动组织科学化

劳动组织就是对在劳动过程中涉及的各要素进行合理组织和分配的过程。它涉及人、物、环境、时间、作业性质、作业过程等多方面的因素，是一个十分复杂的问题。本书中仅就涉及劳动者安全与健康的主要问题加以说明。

1. 劳动时间的安排

■ 工作时间

我国法定实行 8 小时工作制，即每天工作 8 小时、平均每周工作时间不超过 40 小时的工作制度。对于从事特别有害健康或特别繁重工作的员工、怀孕 7 个月以上的女员工以及夜班工作的工人，企业应适当缩短工作时间，如实行工作 3 天休息一天，或每天工作 6~7 小时的工作制度。

■ 工间休息

实行午间休息已经成为一项制度。企业在每半天工作中间还应安排

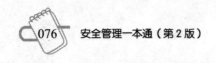

一定的休息时间，即工间休息，这对于保证安全生产非常重要。

研究表明，工人在工作 1~2 小时以后，工作能力得到最大程度的发挥，然而，疲劳随之也开始出现。这时工人如不休息，继续工作，则疲劳会迅速增加，容易引发事故，其工作能力也大大降低，甚至工人还会出现非有意识的消极怠工现象。如果企业在工间给工人适当安排一定的休息，则能大大缓解工人的疲劳，其工作效率也会得到很大提高。

工间休息的时间长短和安排次数应依实际情况而定。根据我国的实际情况，以每半天各安排一次 15~20 分钟的工间休息为好。

■ 工间操

工间操也是减轻疲劳、改善劳动条件的良好手段，企业应给予足够的重视。

工间操的时间应安排在下午为好。工间操的动作节奏和体力负担都应适当，要依作业的性质而定，同时还要考虑工人的年龄和性别。在作业过程中身体不断活动、做各种动作的工人，则不需要再做工间操。

■ 单调性作业的调节

单调的工作使人感到枯燥乏味，容易产生心理疲劳，导致工作效率降低，使生理疲劳提前来到。操作人员对自己的工作处于陌生时期时，能够强迫自己有意识地注意每一个细节；工作熟练以后，操作人员就会大大减少对意识的控制，这容易导致操作人员在工作时精神涣散，漫不经心。如果操作人员从事的是危险性较大的作业，就有可能发生工伤事故。例如，冲压作业事故多与它具备上述特点有关。

在工作中完全消除单调是困难的，然而减轻其影响却是可以做到的。改善单调的措施是：

①充实操作内容。

简单地重复一两个动作是枯燥的，轮流进行五六个动作就能大大提高工作的兴趣。按照这一原则，企业在进行操作设计时，应该力求将一些简单的操作进行适当调配，使每个工人都能从事多种不同的工作，比如装配、校正、检查由三人做合并为由一个人来做。

②建立中间目标。

把工作分解成许多阶段，采取小时定额考核制等。没有目标、没完没了的单调工作会使人感到疲劳和沮丧，但如果每个阶段都设置一个工作目标，就能大大改善这种状况。比如，让员工随时看到自己的劳动成果，每周下达一项任务并实行周考核制度等。

③定期轮换工作，创造新鲜感。

④运用色彩和音乐进行调节。

2. 适当的工作节奏

工作节奏即工作频率，其实质是工作的速度问题。工作节奏过快会增加劳动的强度，并使工人感到紧张，易造成工伤事故；工作节奏过慢会使工人因等待而烦躁不安，以致降低劳动生产率，对安全生产也是不利的。工作节奏过快或过慢都会导致疲劳加剧并诱发操作失误增加、注意力分散、反应速度降低等现象，所以确定适当的工作节奏应该兼顾提高工作效率和减轻工人劳动强度两方面的要求。企业要避免片面追求产值产量而不断增加劳动定额或加速机器运转（流水生产线）的倾向。适当的工作节奏应该既能保证一定的工作效率，又能使工人在工作过程中的每个循环（每次重复性操作）都有少量的休息时间（哪怕是几秒钟）。这需要企业对作业过程进行科学分析，进行反复的实践并征求工人的意见。适当的工作节奏应该是工人能够接受的，并感到满意的。

制定安全作业基准

1. 制定安全作业基准的必要性

为了避免发生劳动灾害，政府会根据法律进行最基本的指导，但有关安全作业的基准则需各企业自行制定，并需要全员在平时就养成自觉遵守的习惯。

安全作业基准是员工安全操作的准则。如果没有安全作业基准，员工们即使注意到了不安全的状态或行为，也会因为没有共同的规定而忽视这些安全隐患。

2. 安全作业基准的内容

安全作业基准一般包括以下内容：

■ 安全定置

①在工厂内的通道上画线，规定放置加工品、材料、搬运车等时不得超出线外放置。

②设置工具架，用完工具后一定归回原处。

③不要把物品用一种不安全的方法放置。堆积物品时要遵守一定的高度限制，避免倾倒。

④不要在灭火器放置处、消火栓、出入口、疏散口、配电盘等附近放置东西。

⑤注意处理易燃、易爆、易引起火灾的物品。

⑥不要随意把材料或工具靠放在墙边或柱旁，一定要做好防止倒下的措施。

⑦指定一个地方，把不良品、破损品及使用频率低的东西收起来。

■ 员工安全保护

①一定要穿着洗得非常干净的工作服。

②衣服一定要整齐（不整齐的衣服最危险），不用衣服擦东西，禁止光着上身或穿汗衫、半袖的衣服作业。

③厉行安全帽、安全靴的使用。

④工作手套不作其他用途使用。

■ 急救部分

①常备急救用物品，并标明放置所在。

②指定急救专门医生，并写明其住址、电话。

■ 安全设备部分

①不可随便把安全装置取出或移动。

②发现安全装置或保护用具有问题时，应立即向负责人报告，立即加以处理。

③戴上保护眼镜（护目镜）进行作业。

④执行会产生高音的作业时，要戴耳塞。

⑤在会产生粉尘、有毒瓦斯的环境中工作时，一定要戴上保护口罩。

■ 一般机械作业部分

①定期检查机械，定期加油保养。

②严格执行齿轮、输送带等回转工具部分的加套工作。

③共同作业时，一定要有足够的默契或有沟通的信号。

④在机械转动中与人谈话时要特别注意。

⑤确保加工工具、加工品的管理。

⑥给发动机或机械加油或清洁时，一定要等其停止转动时再进行。

⑦停电时务必切断电源开关。

⑧故障待修的机器须明确标示。

⑨下班后进行机械的清扫、检查、处理等工作时，一定要先把它放在停止位置上。

■ 装配、组成作业部分

①尽量把加工品置于力量的中心。

②不得用口吹清除砂屑。（会造成眼睛的伤害，要特别注意。）

③大宗的物品要用吊锯或链滑车支持住，然后进行作业。

④在进行磨削作业时，须戴上眼镜。

⑤在通道上有人与障碍物时不驾驶。

⑥注意不可卷曲过度。

⑦在不使吊着的物品摇动、回转的状态下，加减速度。

⑧如果手或工具上沾了油污，一定要完全擦净后再进行作业。

⑨装配如果是共同作业，要互相打信号，注意对方的动作。

■ 火灾预防部分

①绝对遵守严禁烟火的规定。

②除特定场所外，均不得未经许可动火。

③把锯屑、有油污的破布等易燃物放置在指定的地方。

④特别注意在工作后对残火、电器开关、瓦斯栓的处理。

⑤定期检查工厂内的电路配线，确保正确使用保险丝。

⑥指定可吸烟的场所，绝对禁止在作业时或行进间抽烟。

⑦严格管理稀释剂及石油类物品。

◎ 提醒您 ◎

　　关于"安全"的确保，只要养成"把普通的事普通地去遵守"的习惯，就能做得很好。

[实例]

某企业员工安全须知

1. 个人行为规范

（1）切实遵守公司的各项安全规定。

（2）依照作业标准及安全操作规程作业，不得擅自改变工作方法。

（3）非个人负责操作的设备，不得擅自操作。

（4）任何时刻不得无故逗留或徘徊在他人的工作区域内。

（5）放置工具、物料在物料架上或其他高处，须确保不绊倒他人或跌落击伤他人。

（6）若须从高处抛下物体，则地面上应禁止他人通行。

（7）移动一个设备或物料架时，须先将放置其上的未固定物体取下。

（8）不得在厂内奔跑、嬉戏、恶作剧或做出其他妨碍秩序的行为。

（9）不可使用压缩空气管吹除身上灰尘及将压缩空气管指向他人。

（10）行走时不要为谋取捷径而穿越生产作业区域或跨越流水线。

（11）不可在石棉瓦或类似的屋顶上行走。

（12）不可在工作中的高架吊车下或悬空重物下走动。

（13）若发现漏油、漏气的地方，或已损坏的梯子、平台、栏杆及其他不安全的环境时，请即刻报告主管或安全管理人员。

（14）不要使用不健全的工具或设备。

（15）推门出入时，不得用力过猛，以免撞到对面而来的人。

（16）安全门出入口及太平梯前后必须保持畅通，不得堆置任何物品，以免妨碍通行。

（17）正确使用安全防护装置、设施、工具和其他用品。

（18）上下阶梯或走过容易滑跌的场所时须特别小心。

（19）自觉劝阻他人冒险、违章作业。

（20）搬运货物专用的电梯或吊车，禁止人员搭乘。

（21）每位员工都须将防止意外作为其应尽的责任，并互勉遵守安全须知。

（22）熟记工作场所的出入口、安全门位置。紧急情况时，必须遵守秩序，接受指挥。

2. 着装要求

（1）救火时，操作或搬运热的油类或其他物体时，必须穿着足以遮蔽全身的衣物，并佩戴适当的帽子，不得将袖子、裤管卷起。

（2）在禁烟区域内禁止穿有大马钉的鞋子。

（3）操作或修理转动机器，或在近旁工作者，不应打领带、悬垂袖口或穿过宽的衣服。

（4）使用砂轮或其他无覆盖装置的高速度转动机械时勿戴手套。

（5）女员工若留长发，须戴头巾或帽子。

（6）特殊工种应依要求佩戴劳保用品。

（7）作业现场人员不可穿高跟鞋。

（8）不穿着过于宽大或有悬垂装饰的衣裙。

3. 电气设备

（1）非指定的工作人员不得开动电机及其他电动机械，见有故障或不正常的情况，应立即通知有关部门。

（2）保险丝熔断时，应通知生产技术人员修换，但遇紧急状况且电压在 220 伏特以下（包括 220 伏特），可由主管指定人员修换。

（3）所有电动机械及电动工具，其外壳必须接地，接地线路应定期检验，以确保其接触良好。

（4）不要擅自修理电气线路及设备，见有故障，如过热、火花或电机冒烟等，应随即切断电源，并报告主管通知有关人员修理。

（5）使用临时电线前必须加以检查，有无绝缘不良、破皮等问题，避免将其绕于手臂或身体任何部位。

（6）不可将身体或搬运物与电线相接触。发现由电线杆上落下的任何电线，应立即通知电工人员处理。

（7）再度发生保险丝熔断或控制器跳闸必有原因，应先报告主管或由生技部电工处理。

（8）电气机械的加油均应适量，过多过少都易出事。

（9）临时电线切不可横跨走道妨碍通行，或浸入油水中。

（10）若立于潮湿的场所或金属物上，不可用潮湿的手去接触电气设备及其带电部位。

（11）外人不应擅入变电室及设有围栏的变压器室。

（12）凡有电线通过工作场所的地面，如有人来往必须加以安全掩盖。

（13）不得用铜线等金属丝代替保险丝。

4. 消防

（1）严禁使用汽油或低燃点的石油分馏物洗涤机器及其零件。

（2）任何时刻不得在严禁烟火区域内吸烟或携带明火源。

（3）搬取或携带汽油、煤油及其他易燃物，必须用安全油罐或其他盖妥了的金属容器。

（4）一切消防设备，不得用于非消防目的的工作。

（5）器材物料的堆存，不得妨碍消防设备的取用。

（6）油类物品或电线着火时，应使用干粉灭火器、砂土、地毯等物扑灭，不可用水灌救。

（7）使用气割、电焊时应遵守相关安全规定，远离易燃物，准备灭火器材，并由专人监视。

（8）烟头应放置在烟灰缸内。

（9）做好工厂6S工作才是消防的上策。

5. 工作场所的清洁

（1）保持所有的走廊、过道、阶梯、工作台通行无阻。

（2）油类或化学物溢漏地面或工作台时，应立即擦拭或冲洗干净。

（3）废物垃圾不应堆积在作业区域或办公室内。

（4）地面经常保持干净平坦，一有损坏应立即修补。

（5）工具用毕，归还原处。

（6）不要将酒瓶或脏衣服堆放在抽屉中或工作场所内。

（7）让每个人都养成随时拾捡地上杂物的良好习惯。

（8）整顿工作场所，让每件物品有固定的存放场所，井然有序。

6. 安全维护及标志

（1）挖掘洞穴。在挖掘工作完成前需暂时离开或搁置时，须用跳板掩盖或设围护栏杆。

（2）为搬运、修理设备等工作的便利需暂时拆除地板、地面入盖孔或栏杆时，应设法加以适当围护，待工作完毕后立即复原。

（3）一切设备及围护栏杆，不得用作支架或捆缚起重绳索。

（4）在人行道、通道或可能有人通过的场所上方工作，不论其工作是在楼梯上、平台上或管架上，一律应将写有"有人在上面工作"字样的警告牌设在醒目的地方。

（5）存放或使用强酸、强碱、汽油及其他危险物品的场所及设备均应设立危险标志。

7. 修理机械及工程设施

（1）非自身操作的机器或未经授权操作的机器一律不得擅自操作。

（2）不对转动中的机器做较大的修理工作。若须在转动机器的附近工作，则人员与机器间须设有适当的围护。

（3）除正常操作上做必需的调整外，一切调整或加油等工作，均应待机器完全停下后再进行。

（4）不用手去触摸机械的转动部位。

（5）禁止使用不适当的代替品，例如以汽油桶充作脚架或工作台，以扳手当榔头，以木箱当梯子等。

（6）人员不许搭乘在吊车或起重车辆悬吊或搬移中的目的物上。

（7）各种起重吊车及起重机器的操作人员，应注意他人的安全，使用适当的信号或音响，使他人注意，并设法保持钢索在卷筒上排列整齐。

（8）在严禁烟火区域内所使用的临时灯，其玻璃罩的外围须有金属栏的保护装置。

（9）非事先征得主管的同意，他人不得在酸碱、有毒及易燃气体、高压的设备上从事任何修理或调整等作业。

8. 有毒物质

（1）操作强酸、强碱、纯碱等有毒物质的工作人员，须接受主管的工作教导，并使用适当的保护设施。

（2）有毒溶液的气体仍属有毒，操作人员应设法避免吸入此类气体。

（3）取用酸、碱等化学物的工作人员须戴橡皮手套、安全眼镜，有时还须使用面罩、橡皮裙或胶鞋，事前须与主管商量决定。

（4）有毒物质宜贮藏在阴凉通风之处，且容器内不可混入易燃性物质。

（5）有毒物质应轻拿轻放，避免震动。

（6）充装溶液不宜装满，应留有余地。

（7）若遇漏出时即用水将漏出之物冲去。

（8）修理空桶时，应事先彻底洗涤干净。

改善作业方法

所谓作业，就是为实现某种既定的生产目的而按照一定顺序连续进行的一系列活动。所谓作业方法，就是为从事作业所采取的程序、姿势和动作。不良的作业方法容易使作业者产生疲劳，发生差错，进而导致事故和伤害的发生，也会降低作业效率和影响作业质量。为了实现安全、舒适、高效的目标，企业必须不断地改善作业方法。

安全作业分析是改善作业方法的研究分析方法，其主要程序是：

1. 确定待分析的作业项目

就安全而言，需要重点研究改善作业方法的作业有：

①曾经发生过事故的作业，特别是事故多发的作业；

②危险作业；

③危险设备作业；

④使用新设备的作业；

⑤应用新材料、新工艺的作业；

⑥复杂困难的作业；

⑦过分紧张的作业。

2. 进行作业调查

作业调查的内容包括：

①了解作业方法的前后变化；

②了解作业过程、作业内容、有关的规程、制度和环境情况；

③调查此项作业过程中曾经发生过的事故，并分析事故的原因。

3. 进行作业观察

作业观察是指目视作业的全过程，并记录所有的动作要素和动作时间。

4. 程序分析

程序分析是指录下动作的全过程，然后把作业过程按照先后次序分解为若干相互关联的作业程序。每个程序均包括若干个动作要素，并符合作业的某一特定要求。在此基础上，企业要分析、研究作业程序的先后次序是否得当，作业程序中存在什么潜在的危险因素。

5. 动作分析

动作分析是指分析、研究作业中是否存在多余的或缺少必要的作业程序。这是程序分析的继续，也是安全作业分析的关键程序。动作分析一般按动作分析法进行。动作分析和程序分析关系密切，因此企业要将这两种分析联系起来，反复交叉地进行。

6. 姿势分析

姿势分析是指按照人机工程学的原则分析作业姿势，发现其不当、不良之处。

7. 提出改善作业方法的意见

意见包括作业程序的增删和改变；作业姿势的改进；去除不必要、不安全的动作，使动作更安全、更舒适、更有效；重新安排、组合动作等。为使作业人员适应改进后的作业方法，企业应对他们进行培训。

8. 实施安全作业方法，评价实施效果

改善作业的方法往往有很多，企业应本着安全、高效的原则，综合评价各作业方法，择优选定。

推进作业标准化

1. 标准化作业的概念

标准化作业是指企业为完成一定的作业目标而制定的作业标准。它是一种高效、省力、安全的作业方法，是以制定标准和贯彻标准为主要内容的活动过程。作业标准化就是在总结实践经验和进行科学分析的基础上，对作业方法加以优选、优化，并按照标准化要求进行作业。

2. 标准化作业的意义

标准化作业是针对作业人员的不正确、不统一、不科学的作业行为而提出的。其目的是规范人在作业中的不安全行为，防止事故发生。标准化作业是安全生产规章制度的具体化，是对安全生产规章制度的补充。安全操作规程和岗位责任制等制度对消除或防止生产活动中的危险因素进行了限制性的规定，但一般都不指明保证安全的具体做法，而这些却可以由标准化作业来补充和完善。

员工的不安全行为不论是有意还是无意的，多数都可归结为错误的操作。由于标准化作业是经验和科学的总结，体现了安全、舒适、优质、高效的客观规律，因此员工只要按照它进行作业就能有效地防止错误操作。

作业标准化主要是作业方法的标准化。但作业方法的改进必将涉及

设备和环境的许多方面，其实质是人机匹配问题。由此可见，广义的作业标准化除了包括作业方法的标准化外，还应包括作业活动程序、作业准备、作业环境整治、设备检查维修、工器具放置使用、劳保用品穿戴、个体防护设施设备，以及共同作业的指挥联络等各方面的标准化。

推进作业标准化，必然会对作业人员的教育培训、企业各方面的基础工作，以及实际的生产管理和安全管理提出越来越高的要求，从而促进企业各方面工作的改进和提高。

3. 作业标准的内容

作业标准的内容应包括作业程序、动作标准和安全要点。

■ 作业程序

作业程序即完成作业的顺序，先做什么，后做什么。

■ 动作标准

动作标准应规定每个作业程序中所包含的动作要素和运动轨迹范围。作业位置、姿势和动作均应符合安全、舒适、准确、高效的要求。

■ 安全要点

安全要点是指针对如何在有危险性的作业中进行安全操作的重点提示，即防止作业中发生危险、出现意外的操作要领。

4. 制定作业标准的方法

第一，分解作业过程，明确生产作业中最基本的作业单元的内容。

第二，按照作业单元制定作业标准，并使其符合工艺、设备的技术特性，符合有关规范的规定，体现标准化操作方法的科学合理性、先进性和可操作性，满足作业安全、准确、省力、高效的要求。

第三，作业标准应以国家和行业标准、规章制度、生产实践经验等为依据，由作业者、技术人员和管理者共同提出，经专家审定、企业批准，要以标准的形式发布，并由作业者共同遵守。

实行确认制

1. 什么是确认制

对曾经经历过的、感受过的事物再度感知、认识的过程叫认知。准确的认知叫确认。规定制度来保护确认就是确认制。

准确认知是正确思维判断和行为反应的前提，错误认知势必会导致判断和行为的失误。人的不安全行为中占相当大比例的错误操作，其根源就在于错误地认知，或没有确认。因此，实行确认制是防止错误操作的有效措施。

没有确认一般都是在无意识或低水平意识状态下发生的。例如，因烦恼和心事而走神，因没有积极思维而产生遗忘，主观臆测，等等。因此，保证确认的基本原理就是使人从无意识或低水平意识状态转变到积极的思维意识状态上来。

2. 确认制的应用范围

凡是可能发生错误操作，而错误操作又可能造成严重后果的作业，都应制定并实施确认制，如开动、关停机器，开动起重运输设备，危险作业、多人作业中的指挥联络，送变电作业，检修后的开机，重要防护用品（防毒面具、安全带等）的使用，以及曾经发生过错误操作事故的作业等。

3. 确认的程序

■ 作业准备的确认

作业人员在接班后应进行设备、环境状况的确认，如设备的操纵、显示装置和安全装置等是否正常可靠，设备的润滑情况是否良好，原材料、辅助材料的性状是否符合要求，作业场所是否清洁、整齐，工具、材料、物品的摆放是否妥当，作业通道是否顺畅等。一切确认正常，或确认可能有危险而采取有效的预防对策后，作业人员方可开始操作。

◎ **提醒您** ◎

作业准备的确认可以和作业前的安全检查结合起来，使用安全检查表进行。

■ **作业方法的确认**

作业方法的确认是指按照标准化的作业规程，对作业方法进行确认，确认无误后才允许启动设备。

■ **设备运行的确认**

设备开动后，作业人员应对设备的运行情况是否正常进行确认，如运转是否平稳，有无异常的振动、噪声或其他任何预示危险的征兆，各种运行参数的显示是否正常，等等。设备运行确认也可以与作业中的安全检查结合，使用安全检查表进行。设备运行的确认应根据需要在整个作业期间进行若干次。

■ **关闭设备的确认**

与开启设备的情况相同，作业人员应按照标准化作业规程对关闭设备的作业方法进行确认，确认无误后才允许关闭设备。

■ **多人作业的确认**

多人协同作业时，则在开始作业前，按照预定的安排对参加作业的人员、人员的作业位置、作业方法、指挥联络形式、作业中出现异常情况时的对策等进行确认，确认无误才允许开始作业。

4. 确认的方法

■ 手指呼唤

手指呼唤即用手指着作业对象操作部位，用简练的语言口述或呼喊，明确操作要领，再进行操作。这可以简述为"一看、二指、三念、四核实、五操作"。例如，在巡视检查锅炉的工作状况时，作业人员可以用手指着锅炉的仪表，眼睛看着显示的数字，并且呼喊："×炉号，压力10，温度200，正常！"

进行手指呼唤，实质上是对操作方法进行一次预演和检验。如果作业人员头脑不清醒，精神不集中，手指呼唤时必然会发生错误，这就必须重复进行手指呼唤，直到确认无误才行。

■ 模拟操作

对于复杂的、重要的工作，作业人员在采用手指呼唤的同时还应实行模拟操作，经过模拟操作确认无误后，方正式进行操作。模拟操作最好实行操作票制度，即把正确的操作步骤、方法写在操作票上，逐项核对、确认，然后进行操作。必要时，应该由两个人同时进行确认，即一人监护，一人操作。具体来说，就是第一个人呼唤，第二个人复诵并模拟进行操作（可制作模拟操作板），第一个人认可后命令执行，第二个人再进行操作。

■ 无声确认

无声确认即默忆和简单模仿正确的作业方法，"一停、二看、三通过"即属此类。这种确认方法不能有效地调动起作业人员的积极性，只能用于简单的作业。

■ 呼唤应答

互相配合的作业则应采取呼唤应答确认，即一人呼唤，另一人应答，第一个人确认应答正确后命令执行，第二个人再进行操作。在呼唤应答的同时，作业人员还应辅以适当的手势和动作。

操作者人为失误预防

1. 操作者人为失误原因

操作者人为失误的原因包括：

①未注意；

②疲劳；

③操作者安装了不准确的控制器；

④在不准确的时刻开启控制器；

⑤识读仪表错误；

⑥错误使用控制器；

⑦因振动等干扰而心情不畅；

⑧未在仪表出错时及时采取行动；

⑨未按规定的程序进行操作；

⑩因干扰未能正确理解指导。

2. 预防措施

未注意和疲劳是操作者失误的两个重要原因。

预防未注意的措施主要有在重要位置安装引起注意的设备、提供愉快的工作环境，以及在各步之间避免中断等。类似的，预防疲劳的措施主要有采取排除或减少难受的姿势、缩短集中注意力的连续时间、减轻对环境的应激及过重的心理负担等。

具体来说，预防操作者人为失误的措施有：

第一，通过听觉或视觉的手段帮助操作者注意某些问题，以避免漏掉某些重要迹象。同时，使用特定的控制设备可以避免某些不准确的控制装置造成的问题。

第二，为了避免操作者在不正确的时刻开启控制器，在某些关键序列的交接处提供补救性措施是必要的。同时，操作者应保证功能控制器安放在适当的位置，以便使用。

第三，为预防误读仪表，操作者有必要根除清晰度方面的问题和仪表位置不当的问题。

第四，使用噪声消减设备及振动隔离器可有效克服因噪声和振动造成的操作者失误。

第五，综合使用各种手段保证各仪器发挥适当功能，并提供一定的测验及标准程序，以克服未对出错仪表作出及时反应等人为失误。

第六，避免太久、太慢或太快等程序的出现，可以预防操作者未能按规定程序进行操作的失误。

第七，操作者因干扰问题不能正确理解指导时，企业可以隔离操作者和噪声，或排除干扰源。

▶▶ 探究·思考 ◀◀

1. 作业环境设计包含哪些内容？

2. 如何改善有毒作业环境？

3. 怎样制定安全作业基准？

4. 作业方法如何改善？

第四章
安全生产检查

本章学习重点：
- 掌握安全检查的内容、要求、种类和方法
- 了解安全检查表的编制依据、内容及方法，掌握安全检查的实施步骤和结果处理

主题词： 安全检查　安全检查实施　安全检查表

第一节　安全检查概述

安全检查是安全管理工作的重要内容，也是消除隐患、防止事故发生、改善劳动条件的重要手段。企业通过安全检查可以了解安全管理体系的运行情况，及时发现安全生产系统中的各种不安全状态和潜在危险因素。所以，安全检查是隐患的扫描仪。

安全生产检查的内容

企业安全生产检查的内容主要包括以下几个方面：一是对企业领导贯彻"安全第一，预防为主，综合治理"方针情况的检查；二是对各级组织安全管理工作情况的检查，其中包括检查劳动保护法规、制度的执行，管理机构落实"三同时""五同时""三不放过"等制度的执行情况等；三是对生产现场的安全检查，如检查生产场所及作业过程中是否存在操作人员的不安全行为、机械设备的不安全状态，以及不符合劳动安全卫生要求的作业环境等；四是检查隐患整改情况。

以上内容随检查形式或检查规模的不同，可有所侧重。

1. 安全生产大检查和企业定期性安全检查的内容

由地方劳动部门、产业主管部门等联合组织的安全大检查和企业自身的定期安全检查，应着重检查以下几方面的情况：

■ 查领导思想

检查一个企业的安全生产工作，要首先检查企业领导是否真正重视劳动保护和安全生产，即检查其对劳动保护工作是否有正确的认识，是否真正关心员工的安全与健康，是否认真贯彻了国家劳动保护方针、政策、法规、制度。在检查的同时，还要注意宣传这些法规的精神，批判各种忽视工人安全与健康、违章指挥的错误思想与行为。

■ 查制度

查制度就是监督检查各级领导、各个部门、每个员工的安全生产责任制是否健全并严格执行；各项安全制度是否健全并严格执行；能否执行"三同时"，即新建、扩建、改建工程项目的劳动保护设施、安全技术措施是否与主体工程同时设计、同时施工、同时投产；能否按时进行安全检查；是否认真执行安全教育制度，是否做到新工人入厂三级教育、特种作业人员定期训练；对发生的事故是否认真调查、及时报告、严肃处理，有没有做到"三不放过"；安全组织机构是否健全，安全员网是否真正发挥作用等。

■ 查纪律

查纪律就是监督检查生产过程中的劳动纪律、工作纪律、操作纪律、工艺纪律、施工纪律。检查内容具体包括：生产岗位上有无迟到早退、脱岗、串岗、打盹睡觉的现象；有无在工作时间干私活，或做与生产、工作无关的事的现象；有无不按规定穿戴劳动保护品，或在禁烟区吸烟的现象；有无违反操作规程、操作方法、操作纪律和在操作岗位不盯仪表、闲扯漫谈、乱打胡闹的现象；有无不按工艺指标操作而造成超温、超压、超指标等给安全生产造成危险的现象；有无在施工中违反规定和禁令的现象；有无在危险场所不办动火票动火、不经批准乱动土、乱动设备管道、车辆随便进入危险区、施工占用堵塞消防道、乱动消火栓和乱按电源等现象。

■ 查管理

查管理是指查企业安全机构的设置是否符合要求，目标管理、全员管理、专管成线、群管成网是否落实，安全管理工作是否做到了制度化、规范化、标准化和经常化。

■ 查隐患

查隐患是指检查人员深入生产现场，检查企业的劳动条件、生产设备和相应的安全卫生设施是否符合劳动保护要求，如：车间建筑是否安全，安全通道是否畅通，零部件的存放是否合理；各种安全防护设施的管理情况；电气设备、各种气瓶和压力容器、化学用品等的使用与管理情况；粉尘及有毒、有害作业点的达标情况；车间内的通风照明情况；个人劳动防护用品的使用是否符合规定。检查人员要特别加强对一些要害部位和设备的检查，如锅炉房，变电所，各种剧毒、易燃、易爆等场所。

为了引起企业各级领导对安全生产检查工作和隐患整改工作的重视，上级部门对企业进行的安全大检查和企业内部进行的定期安全检查，除应贯彻边查边改的原则外，还应对被查单位上次检查中发现的问题及事故隐患的整改情况，按其当时登记的项目、整改措施和完成期限进行复查。

2. 企业日常安全检查的内容

企业日常安全检查的内容包括：

①传达、贯彻上级有关安全生产方面的指示和规定；

②检查安全生产制度、安全技术操作规程的执行情况；

③揭露生产现场及生产过程中的隐患，包括不安全的物质状态，不安全、不卫生的工作环境和不安全的行为及操作。

[实例]

某企业安全检查项目

序号	检查内容	检查说明
1	厂容厂貌	（1）厂区内实行定置摆放，车辆在指定区域停放 （2）路面整洁，垃圾（废品）定点存放，且有防吹散、防污染措施 （3）厂区大门开启灵活、方便、迅速，无卡死现象
2	厂区道路	（1）厂区道路的设置应满足生产、交通运输、消防、绿化及各种管线的铺设要求，路面排水良好，坡度适当 （2）厂区门口、危险路段需设置限速标牌、设施和警示标牌 （3）厂区道路应有明显的人、车分隔线 （4）易燃、易爆产品的生产区域或贮存仓库区，应将道路划分为限制车辆通行或禁止车辆通行的路段，并设置标志 （5）厂区道路应设置交通标志
3	厂区照明	（1）照明灯布局合理，无照明盲区，厂区主干道和安全通道的照度不低于 30 勒克斯 （2）照明灯具完好率达 100%
4	厂区消防	（1）室外消火栓应有明显的漆色标志，其1米范围内无障碍物 （2）所有消防器材完好，且灵敏可靠 （3）消防设施、重要防火部位均有明显的消防安全标志
5	车间定置摆放	（1）车间实行定置摆放，现场核对定置图 （2）工位器具、料箱摆放整齐、平稳，高度合适；沿人行通道两边不得有突出或锐边物品 （3）危险部位应设置安全标志和防护装置
6	车间通道	（1）车行道（厂内叉车等）、人行道宽度符合标准，人行道宽度大于 1 米 （2）通道标记醒目，路面平坦，无积油、积水，无绊脚物 （3）通道畅通，有应急照明和疏散指示标牌，且能正常使用 （4）车行道、人行道上方悬挂物高度符合标准，且牢固可靠 （5）重要部位、场所应在明显位置张贴紧急疏散路线指示

（续表）

序号	检查内容	检查说明
7	作业区域地面状况	（1）地面平整，无障碍物和绊脚物，如有绊脚物应设醒目标志或防护措施；坑、壕、池应设置可靠的盖板或护栏，夜间有照明 （2）地面无积水、积油、垃圾或杂物 （3）因作业环境或工艺易产生积油、积水的，应有防滑措施
8	车间采光	（1）生产作业点、工作台面和安全通道普通采光照度符合标准 （2）照明灯具装设合理，安全好用
9	设备设施布局	（1）设备设施与墙、柱间以及设备设施之间应留有足够的距离，或安全隔离 （2）各种操作部位、观察部位应符合人机工程的距离要求
10	职业危害作业点治理	（1）职业危害作业点均采取有效治理或防范措施，有警示标志 （2）作业人员正确佩戴和使用防护用品，防护用品应安全有效 （3）在可能发生急性职业损伤的危害作业点设置报警装置，并配备现场急救用品、设施
11	危险化学品现场安全条件	（1）作业现场应与明火区、高温区保持足够的安全距离 （2）作业现场应设有安全告示牌，标明该作业区危险化学品的特性、操作安全要点、应急预案等 （3）凡产生毒物的作业现场应设有稀释水源，且备有公用的防毒面具和防毒服 （4）作业现场应有安全警示标志
12	危险化学品现场使用	（1）现场使用点的危险化学品存放量不得超过当班的使用量 （2）使用前后必须对盛装容器进行检查，标签清晰，且定点存放 （3）化学废料及容器应统一回收，按规定进行妥善处理
13	危险化学品事故预防	（1）使用点应配置消防器材和消防设施，且完好、有效 （2）定期对危险化学品使用场所进行安全评价或条件认证

（续表）

序号	检查内容	检查说明
14	工业气瓶	（1）在检验周期内使用，外观无缺陷及腐蚀，漆色及标志正确、明显，安全附件齐全、完好 （2）储存仓库状况良好，安全标志完善；各种气瓶及空瓶、实瓶应分开存放，存放量符合规定；各种护具及消防器材齐全、可靠 （3）作业点存放量符合规定，防倾倒措施可靠，与明火间距符合规定
15	压力容器	（1）按规定定期检验，运行状况良好；无超载、超压、超温现象，无异常振动声响现象；有定期检查记录 （2）外表无严重腐蚀，漆色完好，连接部位无裂纹、变形、过热泄漏等缺陷，相邻管道与构件无异常 （3）安全附件安全可靠，在检验周期内使用
16	工业管道	（1）漆色标记应明显，流向清晰 （2）应有全厂管网平面布置图，标记完整，位置准确，管网设计、安装、验收技术资料齐全 （3）管道完好，无严重腐蚀，无泄漏，防静电积聚措施可靠 （4）埋地管道敷层完整无破损，架空管道支架牢固合理
17	工业梯台	（1）梯长应小于8米，梯宽不小于300毫米 （2）梯脚防滑措施完好，无开裂、破损 （3）轻金属直梯及具备伸缩加长功能的直梯，其止回挡块完好无变形、开裂 （4）人字梯的铰链完好无变形，两梯之间梁柱中部限制拉线、撑锁固定装置牢固 （5）结构件不得有松脱、裂纹、扭曲、腐蚀、凹陷或凸出等严重变形 （6）高于1.5米的走台或平台必须有防护栏，台面板周围的踢脚挡板高度不小于150毫米

（续表）

序号	检查内容	检查说明
18	特种设备	（1）使用单位应使用符合安全技术规范要求的特种设备 （2）特种设备使用场所应符合相关设计标准要求；采取相应的管理措施，以确保其安全运行 （3）特种设备操作人员必须持证上岗，严格执行操作规程和制度 （4）按规定办理登记、年检，对每一种特种设备建立安全技术档案 （5）安全附件或安全保护装置安全可靠，经常检查，定期维修 （6）定期开展危险源辨识和风险评价，及时消除事故隐患
19	配电箱 （柜、板）	（1）配电箱（柜、板）符合作业环境要求，内外整洁、完好、无杂物、无积水，有足够的操作空间，符合安全规程要求 （2）箱（柜、板）体 PE 线连接可靠，各种电气元件及线路接触良好，连接可靠，无严重发热烧损现象 （3）箱（柜、板）内插座接线正确，并配有漏电保护器 （4）保护装置齐全，与负载匹配合理 （5）外露带电部分屏护完好 （6）编号、识别标记齐全、醒目
20	电焊机	（1）电源线、焊接电缆与焊机连接处有可靠屏护 （2）焊机外壳 PE 线接线正确，连接可靠 （3）焊机一次侧电源线长度不超过 3 米，且不得拖地或跨越通道使用 （4）焊机二次线连接良好，接头不超过 3 个 （5）焊钳夹紧力好，绝缘可靠，隔热层完好 （6）焊机使用场所清洁，无严重粉尘，周围无易燃易爆物 （7）操作人员持证上岗，正确使用防护用品，遵守操作规程
21	手持电动工具	（1）必须按作业环境的要求，正确选用手持电动工具，Ⅰ类手持电动工具应配有漏电保护装置，PE 线连接可靠 （2）绝缘电阻符合要求，每季测量记录一次 （3）电源线必须用护管软线，长度不得超过 6 米，无接头及破损 （4）防护罩、盖及手柄应完好，无松动；开关应灵敏、可靠，无破损，规格与负载匹配 （5）有编号，粘贴检测标签，专人保管，在有效期内使用

（续表）

序号	检查内容	检查说明
22	移动电气装备	（1）绝缘电阻值不小于1兆欧，且有定期检测记录 （2）电源线采用三芯或四芯多股橡胶电缆，无接头，不跨越通道，绝缘层无破损，长度不超过6米 （3）防护罩、遮拦、屏护、盖应完好，无松动，符合安全要求 （4）PE线连接可靠，开关应可靠、灵敏，且与负载相匹配
23	手持电热工具	（1）电源线符合安全要求，无接头、无破损，长度不超过2米 （2）手柄无破裂、松动 （3）插头无破损，接线正确，规格与负载匹配 （4）采用可靠的防触电措施 （5）支架、托架等辅助设施使用正确
24	砂轮机	（1）砂轮机安装地点应保证人员和设备的安全 （2）砂轮无裂纹、无破损，防护罩符合国家标准 （3）挡屑板有足够的强度且可调，托架安装牢固且可调 （4）法兰盘与软垫符合安全要求 （5）运行平稳可靠，砂轮磨损量不超标，且在有效期内使用 （6）PE线连接可靠，控制电器符合规定
25	冲、剪、压机械设备	（1）离合器动作灵敏、可靠，无连冲 （2）制动器工作可靠，与离合器相互协调连锁 （3）紧急停止按钮灵敏、醒目，在规定位置安装且有效 （4）传动外露部分的防护装置齐全可靠 （5）脚踏开关有完备的防护罩且防滑 （6）机床PE可靠，电气控制有效 （7）安全防护装置可靠有效，专用工具的使用符合安全要求 （8）剪板机等压料脚应平整，危险部位有可靠的防护 （9）操作人员正确使用防护用品
26	消防设施	（1）生产场所应配备相适应的灭火器材和相配套的消防站房 （2）消防水源和管线布局合理 （3）重点防火部位有消防措施 （4）消防标志齐全，档案资料齐全，管理制度健全 （5）消防设施、器材和工具应按规定设置并有编号；定期进行检查和更换，有记录

（续表）

序号	检查内容	检查说明
27	危险化学品仓库	（1）危险化学品应按其危险特性进行分类、分区、分库贮存，库房符合安全标准的要求；各种危险化学品有中文安全技术说明书 （2）消防设施齐全，通道畅通 （3）库内有隔热、降温、通风等措施 （4）电气设施应采用相应等级的防爆性电器 （5）按危险化学品的特性处理废弃物品或包装容器 （6）库内有应急救援预案
28	仓库	（1）仓库耐火等级设计与储存物品的火灾危险程度相适应 （2）仓库车行道、人行道宽度应符合标准，路面平坦，无绊脚物 （3）物品应分类储存，定置区域标线清晰，数量和区域不超限 （4）物品存放平稳，不超高，通道畅通，五距要求符合规范 （5）电气设备安装、使用符合安全规范 （6）消防设施、器材配备合理，完整好用 （7）根据仓库使用性质，为操作人员配备相应防护用品

安全检查的要求

1. 检查标准

已制定行业统一标准的，执行行业统一标准；还没有制定统一行业标准的，就应根据有关规范、规定，制定本企业的"企业标准"，做到检查考核和安全评价有衡量准则，有科学依据。

2. 检查手段

尽量采用检测工具，进行实测实量，代替经验性的目测、估算，用数据说话。有些机器设备的安全保险装置还应进行动作试验，检查其灵敏可靠程度。

检查中如发现有危及人身安全的即发性事故隐患，应立即发出停止

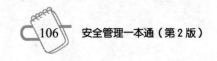

作业的指令，迅速采取措施排除险情。

3. 检查记录

每次安全检查都应认真、详细地做好记录，特别是测检数字，这是安全评价的依据。

同时，还应将每次对各单项设施、机械设备的检查结果分别记入单项安全台账，其目的是可以根据每次记录情况对其进行安全动态分析，强化安全管理。

4. 安全评价

检查后，安全检查人员要根据检查记录认真地、全面地进行系统分析，用定性定量的方法进行安全评价，看看哪些项目已达标，哪些项目需要进行完善，存在哪些隐患，并需及时提出整改要求，下达隐患整改通知书。

5. 隐患整改

这是安全检查工作中的重要环节。隐患整改工作包括隐患登记、整改、复查、销案。隐患应逐条登记，写明隐患的部位、严重程度和可能造成的后果及查出隐患的日期。有关单位、部门必须及时按"三定"（定措施、定人、定时间）要求，落实整改。负责整改的单位、人员完成整改工作后要及时向安全部门汇报。安全部门及有关部门应派人进行复查，符合安全要求后方可销案。

安全检查的种类

为了安全和避免形成有害环境，企业应根据检查对象分别指定具体的负责者，经常进行检查。

1. 经理、厂长巡视

经理每年至少对作业现场进行一次安全巡视，具体对安全卫生状态、设备的维护、存在的问题等进行全面检查。

2. 特别巡视检查

根据企业的具体情况，由安全委员会成员进行全面的安全巡视检查。这种检查是根据制定的检查表进行的，涉及安全管理、安全技术、安全防护的各个方面，每年年终进行一次。

3. 管理者检查

管理者每月进行多次巡视检查，以了解和掌握作业现场的变化情况，以便及时研究对策。目前，这已成为经常性的巡视检查。

4. 车间主任检查

车间主任每周进行一次巡视检查，对重大危险源或最危险点经常进行检查。

5. 安全担当者（安全员）检查

对所负责范围内的场所进行日常巡视检查和指导纠正工作。

6. 班长安全检查

每班进行作业前，班长要对当班人员的精神状态、情绪进行询问检查，并对当班作业区域内及周围的危险点、重点危险源进行巡视检查。

7. 自主安全检查

作业人员在进行作业前对岗位及周围进行安全检查，互相检查劳动防护用品的穿戴是否符合要求，并在作业中互相关照，相互提醒。

8. 安全点检

安全点检是指作业者在作业进行前对操作的设备及其环境的检查，主要内容有：温度、湿度、氧气量、尘、有毒气体浓度、爆炸、易燃气体、机器操作条件、工具材料堆放、楼梯扶手、栏杆的缺陷、可能发生坠落物及撞头的物体等。

安全点检的方法是根据制定的设备、环境安全检查内容（点检表）进行逐一检查。

根据生产设备的结构特点（能否作外观检查）及其危险程度，安全点检可分为：

第一，每日安全点检。作业开始时进行，根据需要决定每日点检的次数和外观判断；

第二，每周安全点检。每周对重要部位外观进行检查或根据特定需要进行检查；

第三，每月安全点检。对容易发生损伤的重点部位进行检查，如外观难以发现的，要卸下来检查；

第四，定期安全点检（半年一次）；

第五，每年定期安全点检。

安全检查的形式

安全检查常采取日常检查、定期检查、专业性检查、不定期检查四种类型。各种检查可单独进行，也可以相结合进行。

1. 日常检查

日常检查是以员工为主体的检查形式。各基层班组长或安全检查员督促本班组成员认真执行安全制度和岗位责任制度，遵守操作规程，做好班前准备工作和检查离班前的交接工作。各级主管人员应在各自业务范围内，经常深入现场，进行安全检查，发现安全隐患，及时督促有关部门解决。

2. 定期检查

定期检查一般包括周检查、月检查、季度检查、年度大检查和节日检查。

■ 周检查

周检查由各部门负责人深入班组，对设备保养、器材放置、设备运行和交换班记录的记载等进行检查，并了解班组现场是否存在不安全因素、隐患。

■ 月检查

月检查由安全管理委员会负责组织，主要目的是对安全工作进行全面检查，以发现和研究解决安全管理上存在的问题，并把整改具体措施落实到部门和具体人。同时，安全管理委员会要定期组织召开班（组）长会议，总结讲评安全管理工作，进行安全教育。

■ 季度检查

季度检查是依据本季度的气候、环境情况特点，有重点地进行安全检查。春季检查以防雷、防静电、防跑漏、防建筑物倒塌为重点，夏季检查以防暑降温、防台风、防汛为重点，秋季检查以防火、防冻、保温为重点，冬季检查以防火、防爆、防毒为重点。季度检查还可以同节日检查相结合进行，如与元旦、春节、"五一"、"十一"等重大节日的安全保卫工作结合起来，在节日前进行。除检查目的和要求如同月检查外，季度检查要着重落实节假日的防火、值班、巡逻的组织安排工作。

■ 年度大检查

年度大检查是一年一度的自上而下的安全评比大检查。

■ 节日检查

节日检查是在节日前对安全、保卫、消防、生产设备、备用设备等进行检查，以保证节日期间的安全。

3. 专业性检查

专业性安全检查一般分为专业安全检查和专题安全调查两种。它是对某一项危险性大的安全作业和某一个安全生产薄弱环节进行专门检查和专题单项调查。

专业性检查是根据上级部门的要求、安全工作的安排和生产中暴露出来的问题，本着预测预防的目的而进行的，有较大的针对性和较高的专业要求，可检查难度较大的内容，并在发现问题后可集中研究整改对策。专业性安全检查以安全人员为主，吸收与调查内容有关的技术和管理人员参加。

4. 不定期检查

不定期检查是指不在规定时间内，检查前不通知受检单位或部门进行的检查。不定期检查一般由上级部门组织进行，带有突击性，可以发现受检查单位或部门安全生产的持续性程度，以弥补定期检查的不足。不定期检查主要作为主管部门对下属单位或部门进行的抽查。

安全检查的方法

1. 现场安全检查的方法

现场检查常采用的方法有以下几种：

■ 实地观察

深入现场靠直感、凭经验进行实地观察，如看、听、嗅、摸、查的方法：看一看外观的变化，听一听设备运转是否异常，嗅一嗅有无泄漏和有毒气体放出，摸一摸设备温度有无升高，查一查危险因素。

■ 汇报会

上级检查下级，往往在检查前先听取下级自检等情况的汇报，然后提出问题当场解决；或者对一个部门检查完再开一次汇报会，检查组把检查出的问题向该部门领导通报，提出整改意见，限期解决，并给予评价。

■ 座谈会

在进行内容单一的小型安全检查时，适合以开座谈会的方式，同有关人员讨论某项工作或某项工程的经验和教训，以及如何更好地开展安全工作。

■ 调查会

在进行安全动态调查和事故调查时，可通过调查会的方式，把有关人员和知情者召集在一起，逐项调查分析，并进行总结和评价，然后制定预防对策加以控制。

■ 个别访问

在调查或检查某个系统的隐患时，为了便于技术分析和找出规律，了解以往的生产运行情况，检查人员需要访问有经验的实际操作人员，有的即使已经调离了本岗位，也要去走访，从而使调查和检查工作得到真实情况及正确结论。

■ 查阅资料

为把检查监督工作做深做细，并便于对比、考查、统计、分析，检查人员在检查中必须查阅有关资料，从历史和现实两方面检查被检查部门的管理水平和执行法规、贯彻安全生产方针及上级指示的情况。

■ 抽查考试和提问

为了检查某个部门的安全工作、员工素质和管理水平，检查人员可采取对这个部门的员工进行个别提问、部分抽查和全面考试方式，检验这个部门的真实情况和水平。这种检查方式便于部门之间的比较评比。

2. 一般安全检查的方法

一般安全检查，通常指企业内部的自我检查，可分为以下两种方法：
第一，自我检查，如班前班后的岗位检查；

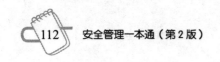

第二，由第三者进行检查，如一些专业性的检查和督促性的检查，必须由专业技术人员或其他人进行的检查。

第二节　安全检查实施

安全检查关键在执行，这就需要企业在组织上、思想上、工作上做到位，并掌握检查实施过程中的要求、方法及检查结果的处理方式。

建立检查组织机构

企业可根据安全检查的规模、内容和要求，设立适应检查需要的组织机构。

第一，企业内部的安全检查，由企业安全生产委员会组织领导，具体工作由安全生产委员会常设执行机构（安全部门）负责组织实施；

第二，规模较小的、范围较窄的检查，比如一个车间的安全检查，可由车间主任组织车间安全员、专业技术人员等进行，或发动员工自行检查。

安全检查的准备

1. 思想上的准备

■ 检查人员

对于检查人员，企业要进行短期培训。培训的目的是：

①让他们了解安全检查的目的、意义和要求；

②提高他们对安全生产方针和安全生产法规、法令的认识；

③增强他们遵循深入现场、实事求是原则的意识，搞好安全检查。

■ 受检方

对于受检的各个部门、企业和单位的各级管理人员，企业要组织他们学习有关安全生产的法律法规，总结过去安全检查的经验，从而提高其安全生产的思想认识，为搞好安全检查打下思想基础。

■ 广大员工

对于广大员工，企业要做好宣传和发动工作，提高员工安全生产检查的自觉性，形成一个群众性的查隐患、查整改的活动，使不安全问题得到充分暴露、充分解决。

2. 业务上的准备

第一，确定检查的目的、步骤和方法；建立检查组织，抽调检查人员并明确检查组织的分工和检查的范围等；制订检查计划和提纲，安排检查日程。

第二，讨论检查的内容，明确检查的重点；分析过去发生的各类事故的资料，给检查人员准备一份过去事故的次数、部门、类型、伤害性质、伤害类别、伤害程度以及发生事故的主要原因和采取的措施等方面的资料，以提醒检查人员加强这方面的检查。

第三，设计、印制检查表格，以便逐项检查和做好记录，避免遗漏应检查的项目与内容。

安全检查表编制

1. 编制安全检查表的依据

为了使安全检查表在内容上既简明扼要、切合实际，又能突出重点和符合安全要求，企业应依照以下三个方面进行编制：

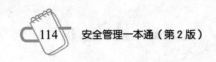

■ 有关法规、规定、规程和标准

编制各种安全检查表应首先考虑按相关的法规、规定、规程和标准进行，使检查表在内容上以及在实施中做到科学、合理并符合法规的要求。

■ 国内外事故案例

编制安全检查表时，企业应认真收集以往发生的事故教训，包括国内外同行业及同类产品生产中的事故案例和资料，然后结合本单位实际，把那些可能导致事故的不安全因素一一列举出来。此外，企业还应参照事故树和安全操作研究等分析结果，把有关的基本事件列入检查项目中。

■ 本单位的经验

由本单位的工程技术人员、管理人员、操作人员和安全技术人员一起总结生产操作的实践经验，分析各种潜在危险因素和外界环境条件，从而编制出一套完整的安全检查表。

2. 编制安全检查表应注意的问题

第一，安全检查表中所列的检查点应简明扼要，突出重点，抓住要害。同时，企业应在检查中尽可能地把众多的检查点加以归纳，避免重复，做到简明而富有启发性。

第二，各类检查表不宜通用，也就是说不能把专业检查表放到岗位上用，否则就是混淆职责，不会起到好的作用。

第三，各级安全检查的项目应有侧重，凡与操作岗位无直接关系（就是岗位上可查可不查）的，就不要列入岗位检查项目，而要列入上一级，由工段或车间承担。

第四，对（有害）部位应详细检查，做到每点不漏，确保一切隐患在可能造成事故之前就被发现。

第五，企业的安全检查活动，应形成一个完善的安全检查体系，明确各种安全检查的周期和负责人，并按照检查项目的具体要求，采用各类安全检查表。

第六，检查中发现异常问题或重大事故隐患时，应按照安全检查体系的要求及时进行信息反馈，以便及时处理、消除隐患。

3.安全检查表的编制程序

第一，为使编制的安全检查表切合实际，科学、系统、无遗漏，参加编制的人员应有安全技术专职干部、工程技术人员和有经验的工人，必要时邀请有关方面的专家参与编制和复查。

第二，调查和收集资料。应重点收集的材料包括：

①本企业及国内外同行历年来的事故案例及分析资料；

②本企业及国内外同行历年来的安全生产先进经验；

③本企业所有危险源点的分布状况；

④本企业的管理体系和人员结构状况；

⑤本企业的生产装置和设施布局状况；

⑥国家和行业部门颁布的有关技术标准、规程和有关工艺技术资料；

⑦国家和上级颁布的有关安全卫生法规、政策、文件及本企业的有关规章制度；

⑧有关设计资料和其他资料。

第三，进行系统的安全分析，这包括：

①进行事故树分析，找出控制点；

②进行安全操作研究，找出控制偏差的措施；

③进行故障分析，确定故障类型及其影响，找出控制故障的措施；

④辨识潜在的危险，包括物质的危险、工艺过程的危险、人为失误的影响、装置的平面布置、物料的储存和运输等；

⑤评估现有安全装置的有效性和为控制危险因素所采取的措施的完善程度。

第四，按系统性原则，设计检查表的编制体系。

第五，按权威性原则，确定合格标准。

第六，按实用性原则，使编制的安全检查表切合实际，抓住关键，无遗漏，并易于不同层次的人员掌握和使用。

第七，按程式化原则，使编制的检查表规范合理，并能反映检查处理工作的程序。

第八，按生产组织系统，编写企业、车间、班组、岗位等各类安全检查表。

第九，按生产工艺系统，编写各生产区域和岗位安全检查表；按工艺流程和专业特点，将被查对象划分为若干子系统，分解项目应明确具体。

4. 专业性安全检查表

专业性安全检查表的突出特点是专业性强，集中检查某一方面的专业装置、系统及与之有关的问题，如防雷击安全检查，电气安全检查，起重机械安全检查，锅炉、压力容器安全检查等。专业性安全检查表有以下主要特点：

■ 目标集中

检查对象限于某专业方向，便于做好准备和进行细致的现场调查。

■ 技术性强

根据专业特点，检查内容以安全技术规程、国家标准、法规为条款。

■ 检查精干

专业检查协助所查单位找出设备、工艺操作、安全管理等方面存在的事故隐患，防患于未然。

■ 深入现场

进行实地检查，对所查单位有关现场逐个检查，不放过任何一个角落，并可采用仪器现场进行数据监测。

■ 讲究实效

在专业与技术性上加大力度，避免烦琐。

【工具1】

表 4-1 工厂平面布置安全检查表

检查时间：   检查人：

序号	检查内容	检查结果		备注
		是（√）	否（×）	
1	从单元装置到厂界的安全距离是否足够？重要装置是否设置了围栅？			
2	装置和生产车间与公用工程、仓库、办公室、实验室之间是否有隔离区或处于火源的下风位置？			
3	危险车间和装置是否与控制室、变电室隔开？			
4	车间的内部空间是否按下述事项进行了考虑：物质的危险性、数量、运转条件、机器安全性等？			
5	装置周围的产品是否离火源很近或存在安全隐患？			
6	贮罐间距离是否符合防火规定？是否具备防液堤和地下贮罐？			
7	废弃物处理是否会散出污染物？是否在居民区的下风位置？			

【工具2】

表 4-2　车间环境安全检查表

检查时间：　　　　　　　　　　　　　　检查人：

序号	检查内容	检查结果		备注
		是（√）	否（×）	
1	是否经常检测车间中的有毒气体浓度？是否超过最大允许浓度？车间中是否备有紧急沐浴、冲眼等卫生设施？			
2	各种管线（蒸气、水、空气、电线）及其支架等，是否妨碍工作地点的通路？			
3	有害气体、蒸气、粉尘和热气的通风换气情况是否良好？			
4	原材料的临时堆放场所及成品和半成品的堆放是否超过规定的要求？			
5	车间通道是否畅通？避难道路是否通向安全地点？			
6	对有火灾爆炸危险的工作是否采取隔离操作？是否加强了隔离墙墙壁？窗户是否做得最小？玻璃是否采用不碎玻璃或内嵌铁丝网？屋顶必要地点是否准备了爆炸压力排放口？			
7	进行设备维修时，是否准备有必要的地面和工作空间？			
8	在容器内部进行清扫和检修时，遇到危险情况，检修人员是否能从出入口逃出？			
9	热辐射表面是否有防护？			
10	传动装置是否装设有安全防护罩或其他防护设施？			

（续表）

序号	检查内容	检查结果		备注
		是（√）	否（×）	
11	通道与工作地点、头顶与天花板是否留有适当的空间？			
12	人力操作的阀门、开关或手柄，在操纵机器时是否安全？			
13	电动升降机是否有安全钩和行程限制器？电梯是否装有内部连锁？			
14	是否采用了机械代替人力搬运？			
15	有危险性的工作场所是否保证至少有两个出口？			
16	噪声大的操作是否有防止噪声措施？			
17	是否装有电源切断开关？			

【工具3】

表 4-3 操作安全检查表

检查时间：   检查人：

序号	检查内容	检查结果		备注
		是（√）	否（×）	
1	各种操作规程、岗位操作、安全守则等准备情况如何？是否定期或在工艺流程、操作方式改变后进行讨论、修改？			
2	操作人员是否受过安全训练？对本岗位的潜在性危险了解的程度如何？			
3	开、停车操作规程是否经过安全审查？			

（续表）

序号	检查内容	检查结果		备注
		是（√）	否（×）	
4	针对特殊危险作业是否专门规定了一些制度（如动火制度等）？			
5	对于紧急事故的处理，操作人员是否受过训练？			
6	工人使用安全设备、个人防护用具等是否熟练？			
7	日常进行的维护检修作业是否有潜在性危险？			
8	是否定期进行安全检查和严格执行点检制度？			

【工具 4】

表 4-4　防火设施安全检查表

检查时间：　　　　　　　　　　　　检查人：

序号	检查内容	检查结果		备注
		是（√）	否（×）	
1	是否根据建筑物的结构和建筑材料（如开放式或封闭式、可燃材料或非燃烧材料）选用了不同的消防设备？			
2	是否根据所使用原料、材料、燃料不同的危险性和等级选用了不同型号的消防器材？			
3	为了有效地扑灭火灾，散发装置、消防水管、消火栓的容量和数量是否够用（补给水量、最大容量等）？			

（续表）

序号	检查内容	检查结果		备注
		是（√）	否（×）	
4	建筑物内部是否配备了消火栓和消防带？			
5	可燃性液体罐区是否装置了适用的防火设施和泡沫灭火器等？防液堤外测是否有排液设备？			
6	对于需要负重的钢结构，在发生可燃性液体或气体火灾时，钢材强度会减弱。为了避免此类情况发生，是否按要求在钢材上涂敷了防火材料？			
7	为了排掉漏出的可燃性液体，建筑物、贮罐或生产设备是否有适当的排水沟？			
8	有无防止粉尘爆炸的措施？			
9	可燃性液体贮罐之间的距离是否符合安全要求？			
10	可燃液体的剩余量是否保持在最小范围之内？			
11	为了防止外部火灾，生产设备是否采取了防护措施？			
12	为防患大型贮罐发生火灾，生产设备是否有安全保护措施？			
13	对于贵重器材、特别危险的操作、不能停顿的重要生产设备，是否采用不燃烧的建筑物、防火墙、隔墙等加以隔离？			
14	火灾警报装置是否安置在适当的地点？			
15	发生火灾时，紧急联络措施是否有事先准备？			

【工具5】

表 4-5　高处作业安全检查表

检查时间：　　　　　　　　　　　　　　　检查人：

项目		检查内容	结果
施工人员	1	有无高血压、心脏病、精神病等不适合于高处作业的病症	
	2	正确穿戴安全帽、软底鞋等防护用品	
	3	井、孔口、临空面边缘不准休息和停留	
	4	不准向下抛丢物体、材料	
	5	不准沿绳、立杆攀爬上下	
	6	作业前检查安全绳的牢固程度，不准使用不合格的安全绳	
架子平台	1	按施工特点设计，牢固可靠	
	2	定期检查排架损伤、腐朽、松动情况，及时维护	
	3	井、孔口、预留口加盖板或设围栏	
	4	平台脚手板铺满、钉牢，临空面有护身栏杆，不准有探头板	
	5	栈道栈桥通道有扶手栏杆，扶梯固定牢固；通道外侧下部为道路或作业场所时边缘有10厘米以上的挡板	
	6	堆物整齐、稳固，不超负荷	
	7	废物、废渣及时清理，不得乱丢乱堆	
临空边缘悬空作业	1	悬挂合格的安全网或搭设其他防护设施	
	2	正确挂安全网	
	3	使用工具和易下落的物体，有绳子拴牢，不使掉下	
	4	下方为通道或其他工作场所，应有防护棚或专人监护	

（续表）

项目		检查内容	结果
其他	1	遇六级以上大风、暴雨、浓雾等恶劣天气时停止作业	
	2	雪天、冰冻天气应清除雪、霜、冰，并采取防滑措施	
	3	夜间有足够的照明	
	4	石棉瓦等简易轻型屋顶作业有相应的安全防护措施	
	5	带电体附近作业应保持规定的安全距离或采取防护隔离措施	
	6	登高作业应保证电杆、立杆等埋设固定牢靠，登高工具合格	
备注			
评定		□安全 □基本安全 □危险 □立即停工	应立即整改项目

【工具6】

表4-6 施工现场安全检查表

检查时间：   检查人：

项目		检查内容	结果
施工管理	1	施工现场布置合理，危险作业有安全措施和负责人	
	2	有安全值班人员	
施工人员	1	穿戴好安全保护用品和正确使用防护用品	
	2	在工作期间，不准穿拖鞋、高跟鞋，不准干与工作无关事情	
	3	特殊工种持证上岗	
	4	不准酒后上班	
	5	不准任意拆除和挪动各种防护装置、设施、标志	
	6	在禁止烟火的区域内不准吸烟、动用明火等	
	7	非施工人员和无关人员不得进入施工现场	

（续表）

项目		检查内容	结果
场地	1	材料和设施堆放整齐、稳固，不乱堆乱放	
	2	废物、废渣及时清理，不乱丢乱扔	
	3	露天场地夏季设防暑降温凉棚，冬季设取暖棚	
	4	尘毒作业有防护措施，禁止打干钻	
	5	排水良好，平坦无积水	
	6	照明足够	
危险区域	1	悬崖、深沟、边坡、临空面、临水面边缘有栏杆或明显警告标志	
	2	孔、井口等加盖或围栏，或有明显标志	
	3	洞口、高边坡、危岩等处有专人检查，及时处理危石或设置安全挡墙、防护棚等	
	4	滑坡体、泥石流区域进行定期专人监测，发现异常及时报告处理	
	5	多层作业有隔离防护设施和专人监护	
	6	洞内作业有专人检查、处理危石，并保持通风良好，支护可靠	
道路	1	路基可靠，路面平整，不积水，不乱堆器材、废料，保持畅通	
	2	通道、桥梁、平台、扶梯牢固，临空面有扶手栏杆	
	3	横跨路面的电线、设施不影响施工、器材和人员通过	
	4	影响通道的作业有专人监护	
	5	倒料、出渣地段平坦，临空边缘有车挡	
	6	冬季、霜雪冰冻期间有防滑措施	
	7	危险地段有明显的警告标志和防护设施	

（续表）

项目		检查内容	结果
机电设备	1	施工机械设备运行状态良好，技术指标清楚，制动装置可靠	
	2	裸露的传动部位有防护装置	
	3	机电设备基础可靠，大型机械四周和行走、升降、转动的构件有明显颜色标志	
	4	作业空间不许架设高压线并与高压线保持足够距离	
	5	高压电缆绝缘可靠，临时用点线路布置合理，不准乱拉乱接	
	6	变压器有围栏，有明显警告标志	
易燃易爆场所	1	施工区域不准设炸药库、油库	
	2	氧气瓶、电石桶单独存放安全地点，远离火源 5 米以上	
	3	使用易燃、易爆物品的区域内，禁止烟火	
	4	有足够的消防器材	
临时房屋	1	基础稳定，房屋牢固	
	2	不准建在泥石流、洪水、滑坡、滚石等危险区域内	
	3	有可靠的防火措施	
评定		□安全　□基本安全　□危险　□立即停工	

安全检查的执行

1. 围绕安全生产检查的目的和要求

检查要紧紧围绕安全生产检查的目的和要求进行，即紧扣"互相学习，交流经验，了解情况，发现问题，预防事故和职业病，促进安全生产"这一检查目的进行。对于安全检查的具体要求，企业则根据检查对象的具体情况而定。

2. 自查和互查相结合

在检查的实施中，企业应把自查和互查结合起来。自查是指在一个地区、一个行业或一个企业单位内发动群众自行检查。互查是上一级领导机关组织地区之间、行业之间、企业之间或企业内部各单位之间开展互相检查。

3. 检查和整改相结合

在检查的实施中，企业应把检查和整改结合起来。对于检查出来的问题和事故隐患，企业应按危险程度、问题解决的难度进行分级管理和解决，尽可能将本单位的问题和隐患在本单位内部解决，并对检查出的问题与隐患实行"三定"，即定措施、定整改完成时间、定负责人。在检查中，企业还需注意发现和解决安全生产上的一些薄弱环节和关键问题，并检查上一次检查中发现的问题与隐患的整改情况。

4. 总结推广经验和吸取教训相结合

在检查实施中，企业应把总结推广经验和吸取教训结合起来。在检查中，企业既要总结和推广先进的安全生产经验，又要注意吸取教训。

5. 采取灵活多样的检查方法

在检查实施中，企业应采取灵活多样的检查方法。例如，深入现场实地检查，召开汇报会、座谈会、调查会，个别访问清查，查阅有关文件和资料等，都是常用的有效方法，企业可以根据实际情况灵活应用。

[知识链接]

安全检查"三忌"

1. 忌提前打招呼

安全检查工作要坚持定期检查与不定期检查相结合，普遍检查与专项抽查相结合，常规检查与突击检查相结合。安全检查的时间安排、被检查单位的确定、检查行走路线的计划等应由安全检查的组织单位随机安排，切忌将检查活动的日程安排等提前给基层打招呼，以避免基层在迎接检查中突击应付，做表面工作，糊弄检查组，使安全检查被基层牵着走，只见亮点，不见缺点，造成安全形势一片大好的假象，问题得不到及时发现，安全检查失去其本来意义。

2. 忌说好不说差

每个单位的安全检查都应以安全生产标准、设备技术指标、安全考核细则和管理规定为对照，对被检查单位的安全工作进行全面客观的评价；多用数字说话，对各项安全指标进行定量分析；肯定好的做法、经验和效果，指出存在的不足和问题，切忌说好不说差，做到不夸大成绩、不掩盖缺点、不照顾面子、不回避问题，使被检查单位能够准确把握安全工作在全局的定位，准确把握客观存在的问题，准确把握安全工作应该继续努力的方向。

3. 忌不了了之

现场检查结束以后，企业要采用召开安全工作专题会议或发简报等形式对安全检查掌握的全面情况进行通报，对安全检查中发现的问题要提出明确的整改措施，并且要对整改工作规定标准，划定时间表，责任到人。基层的整改情况要按时向管理部门反馈，要建立安全管理部门跟踪回访制度，把工作督促到位，保证安全检查工作的严肃性。同时，企业要召开正反典型的现场会，激励先进，鞭策后进，推进安全工作整体水平的提高。

安全检查的处理

安全检查应做好详细的检查记录。针对检查的结果和存在的问题，企业应按职责范围分级落实整改措施，限期解决，并定期复查。关于安全检查的处理，企业应注意以下几点：

第一，对不能及时整改的隐患，要采取临时安全措施，提出整改方案，报请上级主管部门核准。

第二，不论哪种方式的检查，都应写出小结，提出分析、评价和处理意见。

第三，对安全生产情况好的单位，应提出奖励；对安全生产情况差的单位，应提出批评和建议。要总结经验，吸取教训，达到检查的目的。

【工具1】

表4-7　安全生产检查记录表（自检、月检）

被检查单位		检查组负责人	
检查组名称及参加人员：			
经检查存在如下隐患：			
改正措施： 　　　　　　　　　落实人签字：　　　　年　　月　　日			
检查结论： 　　　　　　　　　　　　　　　　　　年　　月　　日			

【工具2】

表4-8　安全检查整改通知单

厂长批示	
存在问题摘要	
建议采取的措施和要求完成日期	

（续表）

归口整改部门实施情况和意见	
安技部门意见	
备注	

安全检查的总结

检查结束后，企业应将此次检查的目的、范围，检查中好的经验、存在的主要问题，检查中发现的问题的整改情况、好的经验的推广情况，整个检查范围内的安全生产情况，以及检查过程中值得注意的问题等写成书面材料，同检查结果（表格内容或检查项目）一起向有关领导机关汇报，并存入安全检查档案。

同时，对于安全生产抓得好，有一定的安全生产管理经验的单位，企业要召开安全生产现场会进行表彰、奖励；对安全管理混乱、隐患多、事故多的单位要提出批评意见和建议，当然也可召开现场会，以吸取教训。

▶▶ **探究·思考** ◀◀

1. 安全生产检查包括哪些方面的内容？

2. 如何进行安全检查？

3. 怎样编制安全检查表？

4. 执行安全检查要注意什么？

第五章
职业健康安全管理

本章学习重点：

- 掌握 OHSAS18000 体系的内涵、结构构成及推行步骤
- 了解职业病的特点和种类，掌握职业病的预防措施和发生时的管理措施

主题词：职业健康安全管理体系　职业病

第一节　职业健康安全管理体系

实施 OHSAS18000 职业健康安全管理体系，为企业提高职业健康安全绩效提供了一个科学的、有效的管理手段。OHSAS 建立在现代系统化理论之上，它以系统安全的思想为基础，从企业的整体出发，把管理重点放在事故预防的整体效应上，实行全员、全过程、全方位的安全管理，使企业达到最佳安全状态。

OHSAS 产生背景和发展趋势

职业健康安全管理体系是 20 世纪 80 年代后期在国际上兴起的现代安全生产管理模式，它与 ISO9000 和 ISO14000 等一样被称为后工业化时代的管理方法，其产生的一个主要原因是企业自身发展的要求。随着企业的发展壮大，企业必须采取更为现代化的管理模式，让包括质量管理、职业健康安全管理等在内的所有生产经营活动科学化、标准化和法律化。国际上的一些著名企业在大力加强质量管理工作的同时，已经建立了自律性的和比较完善的职业健康安全管理体系，较好地提升了自身的社会形象，极大地控制和减少了职业伤害给企业带来的损失。

职业健康安全管理体系产生的另一个重要原因是国际一体化进程的加速进行。由于与生产过程密切相关的职业健康安全问题正日益受到国际社会的关注和重视，与此相关的立法更加严格，相关的经济政策和措施也不断出台和完善。

在 20 世纪 80 年代，一些发达国家率先研究和实施了职业健康安全管理体系。其中，英国在 1996 年颁布了 BS8800《职业安全卫生管理体系指南》。此后，美国、澳大利亚、日本、挪威的一些组织也制定了相关的指导性文件。1999 年英国标准协会、挪威船级社等 13 个组织提出了职业健康安全评价系列（OHSAS）标准，即 OHSAS18001《职业健康安全管理体系——规范》、OHSAS18002《职业健康安全管理体系——OHSAS18001 实施指南》。此后，许多国家和国际组织继续进行相关的研究和实践，并使之成为继 ISO9000、ISO14000 之后又一个国际关注的标准。

OHSAS18000 职业健康安全管理的对象

众所周知，在人们的工作活动或工作环境中，总是存在这样那样潜在的危险源，它们可能会损坏财物、危害环境、影响人体健康，甚至造成伤害事故。这些危险源有化学的、物理的、生物的、人体工效的和其他种类的。人们将某一或某些危险引发事故的可能性和其可能造成的后果称为风险。风险可用发生概率、危害范围、损失大小等指标来评定。现代职业健康安全管理的对象就是职业健康安全风险。

1. 风险引发事故造成的损失

风险引发事故造成的损失是各种各样的，一般分为以下几方面：

①员工本人及其他人的生命伤害；

②员工本人及其他人的健康伤害（包括心理伤害）；

③资料、设备设施的损坏、损失（包括一定时期内或长时间无法正常工作的损失）；

④处理事故的费用（包括停工停产、事故调查及其他间接费用）；

⑤组织、员工经济负担的增加；

⑥员工本人及其他人的家庭、朋友在精神、心理和经济上的损失；

⑦政府、行业、社会舆论的批评和指责；

⑧法律追究和新闻曝光引起的组织形象伤害；

⑨投资方或金融部门的信心丧失；

⑩ 组织信誉的伤害、损失，商业机会的损失；

⑪ 产品的市场竞争力下降；

⑫ 员工本人和其他人的埋怨、牢骚、批评等。

职业健康安全事故损失包括直接损失和间接损失，损失的耗费远远超过医疗护理和疾病赔偿的费用，也就是说一般间接损失远远大于直接损失。

2. 风险引发事故造成损失的因素

风险引发事故造成损失的因素有两类：个人因素和工作／系统因素。

■ 个人因素

个人因素包括：体能或生理结构能力不足，例如身高、体重、伸展不足，对物质敏感或有过敏症等；思维或心理能力不足，例如理解能力不足、判断不良、方向感不良等；生理压力，例如感官过度负荷而疲劳、接触极端的温度、氧气不足等；思维或心理压力，例如感情过度负荷、要求极端注意力等；缺乏知识，例如训练不足、误解指示等；缺乏技能，例如实习不足；不正确的驱动力，例如不正当的同事竞争等。

■ 工作／系统因素

工作／系统因素包括：指导、监督不足，例如委派责任不清楚，权力下放不足，政策、程序、作业方式或指引给予不足等；工程设计不足，例如人的因素或人类工效学考虑不足、运行准备不足等；采购不足，例如贮存材料或运输材料不正确、危险性项目识别不足等；维修不足，例如润滑油和检修不足、器材检验不足等；工具和设备不足，例如工作标准不足、设备非正常损耗、滥用或误用绝缘材料等。

由此可见，对损失的控制不仅仅局限于个人安全控制的范围。据管理学家研究发现，一家公司里的问题，大约15%是可以由员工控制的，约85%或以上是要由管理层控制的。损失并不是商业运作上"不可避免"的成本，而是可以通过管理来预防和消除的。

《职业健康安全管理体系规范》组成

我国的《职业健康安全管理体系规范》与OHSAS18000的内容和结构基本相同，主要由三大部分组成：

第一，范围：规定了使用该指导性技术文件的组织愿望和界限（限制）。

第二，术语：17个术语和定义。

第三，OHSAS的组成要素：五大功能块，每一功能块又由若干要素组成，共17个要素。其中，职业健康安全管理体系的基本要素包括：总要求、职业健康安全方针、策划、实施和运行、检查和纠正措施、管理评审。

OHSAS18000职业健康安全体系标准的专业术语

准确了解OHSAS18000职业健康安全体系的专业术语，是认识和实施OHSAS的重要前提。

1. 事故（Accident）

造成死亡、职业病、伤害、财产损失或其他损失的意外事件。

2. 审核（Audit）

判定活动和有关结果是否符合计划的安排，以及这些安排是否得到有效实施并适用于实现组织的方针和目标的一个系统化的验证过程。

3. 持续改进（Continual Improvement）

强化职业安全卫生管理体系的过程，目的是根据组织的职业安全卫生方针，从总体上改善职业安全卫生绩效。

4. 危害（Hazard）

可能造成人员伤害、职业病、财产损失、作业环境破坏的根源或状态。

5. 危害辨识（Hazard Identification）

识别危害的存在并确定其性质的过程。

6. 事件（Incident）

造成或可能造成事故的事件。

7. 相关方（Interested Parties）

关注组织的职业安全卫生状况或受其影响的个人或团体。

8. 不符合（Non-Conformance）

任何能够直接或间接造成伤亡、职业病、财产损失或作业环境破坏的违背作业标准、规程、规章或管理体系要求的行为或偏差。

9. 目标（Objectives）

组织制定的为激发员工安全表现行为，并预期必须达到的职业安全卫生工作的目的、要求和结果。

10. 职业安全卫生（Occupational Health And Safety）

影响作业场所内员工、临时工、合同工、外来人员和其他人员健康安全的条件和因素。

11. 职业安全卫生管理体系（Occupational Health And Safety Management System）

组织全部管理体系中专门管理职业安全卫生工作的部分，包括为制定、实施、实现、评审和保持职业安全卫生方针所需的组织机构、规划活动、职责、制度、程序、过程和资源。

12. 组织（Organization）

具有自身职能和行政管理的企业、事业单位或社团。

13. 绩效（Performance）

组织根据职业安全卫生方针和目标，在控制和消除职业安全卫生危险方面所取得的成绩和达到的效果。

14. 危险（Risk）

特定危险事件发生的可能性与后果的结合。

15. 危险评价（Risk Assessment）

评价危险程度并确定其是否在可承受范围的全过程。

16. 安全（Safety）

免遭不可接受的危险的伤害。

17. 可承受的危险（Tolerable Risk）

组织根据法律义务和职业安全卫生方针，将危险降低至可接受的程度。

对于我国的职业安全卫生专业工作者来说，在认识 OHSAS 时，需要特别关注如下专业术语：审核、持续改进、组织、相关方、不符合、绩效、危险、可承受的危险等。

OHSAS18000 职业健康安全体系建立步骤

在建立、完善 OHSAS18000 职业健康安全管理体系时，企业可根据自己的特点和具体情况，采取不同的步骤和方法。但总体来说，建立 OHSAS 一般要经过四个基本步骤：

1. 体系策划

体系策划包括学习培训、制订计划、初始评审（现状调查）和体系设计四项主要工作。

■ 学习培训

由外部专家或技术咨询单位对企业的管理层和骨干成员以及员工进行 OHSAS 标准培训，是开始建立 OHSAS 时十分重要的工作。培训工作要分层次、分阶段进行，首先要求企业领导和管理层必须掌握 OHSAS 规范的基本内容、原理，理解规范的内涵。学习培训工作一般分为两个阶段，一是 OHSAS 规范的宣传贯彻，以 OHSAS 基本知识为主要内容；二是内审员培训，以体系建立文件编写、内部审核等为主要内容。

■ 制订计划

通常情况下，建立 OHSAS 需要一年左右的时间。总计划表批准后，企业就可制订每项具体工作的分计划。除了排出建立 OHSAS 工作总计划表和每项具体工作的分计划表外，制订计划的另一项重要内容是提出资源需求，报企业最高管理层批准。

■ 初始评审（现状调查）

初始评审主要是对企业的职业健康安全管理现状进行调查和评估。

①主要内容。

初始评审的主要内容包括：确定危害事件，辨识危害因素，进行风险评价，给出风险级别，策划风险控制措施；收集、获取、识别适用于本企业的职业健康安全法律法规及其他要求，并评价其符合性；收集、评估现行管理制度，包括程序、规章、规程、作业文件等；对事故、危害事件资料进行分析、评价；对相关方的意见、要求及员工建议进行分析；评价、分析管理制度和其他相关体系标准的差异。

②初评准备。

首先，企业组建初评小组，由最高管理者任命一名职业健康安全管理者代表主持初评工作。经协商选一名员工代表参与初评工作，安全管理部门或体系推进部门具体组织实施初评工作。初评小组具体评审人员应包括：设备、设施、动力能源、消防的主管工程技术人员，职业病防治人员，高风险场所（变电站、液化气站、化学库、高压容器、油库）技术管理人员，现有安全员，现场承包商的安全卫生管理人员，食堂管理人员等。成员应涉及各现场和职能部门，并具有一定文化水平和工作经历。

其次，企业应确定初始健康安全评审范围，评审范围要覆盖第三方认证范围，并考虑到最高管理者的管理权限、厂界范围、活动涉及范围、行政上相对独立性等。

实施评审前，评审小组要收集评审所需资料并选择初评方法，制订初评计划。然后，评审小组分配任务，按计划实施初始健康安全评审工作。

③初评实施。

评审小组采用现场观察、面谈、询问、监测、资料及文件评审等形式，对初评内容实施评审；采用危害性预先分析法和全过程分析法思路，综合运用工艺过程分析法、现场观察法、头脑风暴法及资料统计分析法，辨识企业活动的危害事件及危害因素；结合辨识出的危害，确定风险评价方法，给出不同等级评价准则，评价准则应能反映实际不安全缺陷及可能导致后果的严重性，并给出下一循环的输入及风险控制措施的输出。

接下来，评审小组要进行收集、识别法律法规及其他要求的符合性评审。收集范围应覆盖国家法律法规、地方规章、国家和地方各类标准、上级要求、地方其他要求、国际公约等内容，并要根据危害事件所涉及活动内容和职业安全卫生管理内容，判别其适用性。符合性评审工作既包括定性评审又包括定量评审，如特种设备资质及年检情况、特种作业人员资质及发证单位资质、特种作业许可手续齐全情况、化学品管理情况、消防验收情况、安全"三同时"验收、安全预评价实施情况、人员健康检查与职业病防治、工作现场作业环境监测、安全员的配备、安全责任制的实施情况、安全管理制度的健全情况、安全检查力度及以往事故/事件情况等。法律法规的符合性评审应给危害辨识提供输入信息，并为制定职业健康安全的目标、指标和管理方案提供参照依据。

■ 体系设计

职业健康安全管理体系设计主要包括四个环节。

第一，确定职业健康安全方针。方针的制定过程要体现全员参与的思想。

第二，职能分析和确定机构。企业管理机构的确定是分配职能和确定管理程序的基础。在分配职能和编写程序文件之前，评审小组必须先进行职能分析和确定机构，并坚持精简效能的原则，尽量避免和减少部门职能交叉。

第三，职能分配。进行职能分配时，评审小组要把规范中的各要素全面展开并转换成职能，分配到企业的各部门，确保通过职能分配，使规范的各项要素都能得到覆盖，避免遗漏。进行职能分配时，评审小组要坚持一项职能由一个部门主管的原则，当一项要素必须由两个或两个以上部门负责时，要明确主要负责部门或撤并相关部门。

第四，确定体系文件层次结构，关键是确定程序文件的范围，并提出体系文件清单。

［知识链接］

运行控制程序和应急程序文件策划

1. 运行控制程序

依据危害辨识及风险评价结果，确定与风险有关的需要采取控制措施的运行及活动，策划运行控制活动和编制文件的控制程序。程序应能体现全过程控制风险的思想，考虑设计、开发、生产、动力、能源、物资、后勤服务的全过程，并包括作业场所内所有机械、设备、设施、人员、场所风险控制的要求。程序中应规定控制对象、参数和控制要求及监督检查内容，并体现相关法律法规的要求。针对企业所购买和使用的物资、设备和服务中已标示的职业健康安全风险，应制定管理程序，并通报相关方。重要风险岗位应根据相关程序内容，制定和实施相应的三级作业文件。运行控制程序包括：设备、设施管理，电机电气设施管理，员工健康及女工保护管理，劳动防护用品管理，油品及化学品管理，特种及危险作业管理，饮食卫生管理，车辆及运输管理，供方管理，承包方管理，新、改、扩项目管理等。

2. 应急程序文件

依据辨识和评价出的紧急情况，编制应急预案与响应程序。程序应包括：确定应急情况，设立应急指挥、交流、抢救组织架构和职责，编制预案，配备应急物资，应急处理、善后处理、应急宣传、程序评审的更新。发生事故后，应先启动应急程序，对事故进行紧急处置，处置结束后转入下一个程序，即事故、事件、不符合、纠正和预防措施控制程序。

2. 体系文件的编写

企业可根据具体情况采用简便、实用的文件结构，一般而言是把OHSAS文件分为三个层次：管理手册（A层次）、程序文件（B层次）、作业文件（C层次）。

■ 管理手册

管理手册是根据OHSAS规范及本企业职业健康安全方针、目标，全面地描述本企业OHSAS的文件，集中表述本企业的OHSAS保证能力。OHSAS管理手册的内容通常包括如下内容：方针、目标和管理方案，OHSAS管理、运行、审核或评审工作的岗位职责、权限和相互关系，关于程序文件的说明和查询途径，关于手册的评审、修改和控制规定等。

■ 程序文件

程序文件是根据本企业OHSAS管理手册的要求，为达到既定的职业健康安全方针、目标，用以描述实施OHSAS要素所涉及的各个职能部门活动的文件。程序文件可供各职能部门使用。

■ 作业文件

作业文件是根据手册和程序文件的要求，描述具体的工作岗位和工作现场如何完成某项工作任务的具体做法，是一个详细的工作文件，主要供个人或小组使用。这类文件有些是在体系运行时根据需要不断产生的。

3. 运行与实施

体系文件的发布标志着体系的正式运行。文件发布不仅是一种形式，它要求企业的各部门严格遵照执行。企业应对涉及职业健康安全管理的各级管理人员、操作人员、监督人员进行培训，使其具备相应的能力，了解自身的职责和要求。人员培训包括最高管理者、管理者代表、各部门管理人员、重要岗位人员、内审员、新员工、一般员工和相关方的管理人员。充足的资源配置是体系运行的基本保障。健康安全成本的投入得到的回报是长久的效益，企业的最高管理者应为体系的有效运行提供人力、财力的保障，而各级管理者应提供专项技能和技术支持。

4.体系运行检查、评审

通过实施绩效监测测量程序，企业可对各部门日常体系运行情况进行检查，检查内容包括目标、指标的完成情况，运行控制程序执行情况和法律法规遵循情况。通过实施内审程序，企业全面检查职业健康安全管理体系是否满足标准所有要素的要求，并重点检查体系的有效性、适宜性。最高管理者主持实施管理评审，全面对体系的充分性、适宜性、有效性进行评审。评审的主要内容包括：

①目标、指标、管理方案的合理性及完成情况；

②组织机构设置的合理性；

③职责的落实情况；

④资源配置的充分性；

⑤重大风险的控制情况；

⑥方针的适宜性；

⑦相关方的观点；

⑧内审的充分性及有效性；

⑨法律、法规的符合性。

第二节　职业病防范与管理

职业病是影响我国劳动者健康的主要卫生问题之一。因而，国家早已颁布《中华人民共和国职业病防治法》来规范企业的职业卫生安全管理。安全负责人要重视职业病的防治工作，并采取各种措施来控制和消除生产过程中的有害因素。

什么是职业病

2001年10月27日第九届全国人民代表大会常务委员会第二十四次会议通过《中华人民共和国职业病防治法》，并分别于2011年12月31日、2016年7月2日、2017年11月4日、2018年12月29日四次修正。根据《中华人民共和国职业病防治法》规定：职业病是指企业、事业单位和个体经济组织等用人单位的劳动者在职业活动中，因接触粉尘、放射性物质和其他有毒、有害物质等因素而引起的疾病。

根据《中华人民共和国职业病防治法》的规定，2013年12月23日，有关部门联合印发了《职业病分类和目录》。该分类和目录将职业病分为职业性尘肺病及其他呼吸系统疾病、职业性皮肤病、职业性眼病、职业性耳鼻喉口腔疾病、职业性化学中毒、物理因素所致职业病、职业性放射性疾病、职业性传染病、职业性肿瘤、其他职业病共10类，132种疾病。

职业病的特点

1. 病因明确

职业病的病因是明确的，如职业性苯中毒是劳动者在职业活动中接触苯引起的，而法定尘肺（肺尘埃沉着病）是劳动者在职业活动中吸入相应的粉尘引起的。

2. 疾病发生与劳动条件密切相关

职业病的发生与生产环境中有害因素的数量或强度、作用时间，劳动者的劳动强度及个人防护等因素密切相关，如急性中毒的发生，多由短期内大量吸入毒物引起；慢性职业中毒，则多由长期吸入较小量的毒物蓄积引起。

3. 群体发病

在同一生产条件下接触某一种有害物质，常有多人同时或先后发生同一种疾病，如煤矿井下工人，无论是在同一矿内还是在不同矿内，只要井下煤尘浓度超过国家规定的标准，个人防护又不符合要求，皆可见到煤工尘肺。

4. 临床表现有一定特征

许多生产性有害因素对机体的危害有一定的特征，如急性一氧化碳中毒表现为血液碳氧血红蛋白形成，会产生缺氧征象；急性有机磷农药中毒表现为胆碱酯酶抑制，会出现胆碱能神经兴奋的症状和体征；矽肺则表现以肺间质纤维化为特征的胸部 X 线改变等。

5. 可预防性

职业病的病因明确，企业通过采取有效的预防措施能防止疾病发生。这些措施包括：改革工艺，实现生产过程的自动化、密闭化，加强通风及个人防护措施等。

职业病有害因素预防

1. 职业性有害因素的分类

职业性有害因素是指对劳动者的健康和劳动力可能产生危害的职业性因素。职业性有害因素的分类如下：

■ 化学性因素

化学因素是引起职业病最为多见的职业性有害因素。它主要包括生产性毒物和生产性粉尘。

①生产性毒物。

生产过程中产生的，存在于工作环境空气中的化学物质称为生产性毒物。生产性毒物有的为原料，有的为中间产品，有的为产品，常见的有氯、氨等刺激性气体，一氧化碳、氰化氢等窒息性气体，铅、汞等金属类毒物，苯、二硫化碳等有机溶剂。

②生产性粉尘。

在生产过程中产生的，较长时间悬浮在生产环境空气中的固体微粒称为生产性粉尘，如矽尘、滑石尘、电焊烟尘、石棉尘、聚氯乙烯粉尘、玻璃纤维尘、腈纶纤维尘等。

■ 物理性因素

①异常气象条件。

异常气象条件又分为高温和低温两种。高温，如热油泵房、催化剂生产的焙烧岗位、加氢催化剂反应器内操作、夏天进入油罐车或油槽车内作业等；低温，如石蜡成型的冷库。

②噪声。

机械力（固体或液体表面的振动）、气体湍流、电动力及磁动力等均可产生噪声。噪声的具体来源包括：催化"三机"室、加热炉、高压蒸汽放空、泵、球磨机、粉碎机、机械传送带、电气设备等。

③振动。

振动的来源包括：循环压缩机；风动工具，如锻锤、风锤；电锯、捣固机；研磨作业的砂轮机、铣床、镟床；交通运输工具，如汽车、摩托车、火车等。

④电离辐射。

如工业探伤用的 X 射线、料位计的 Y 射线等。

⑤非电离辐射。

如高频热处理时的高频电磁场，电焊、氩弧焊、等离子焊时产生的紫外线，加热金属、玻璃时产生的红外线等。

■ 生物性因素

生物性有害因素指能够引起与职业有关的某些疾病的细菌、寄生虫或病毒，如引起皮革工人、畜产品加工工人等职业性炭疽的炭疽杆菌，引起森林工作者职业性森林脑炎的森林脑炎病毒等。

■ 劳动过程中的有害因素

①劳动组织不合理，如劳动时间过长，特别多见于检修期间，有的员工每天工作10~12小时，并且连续工作10天、半个月，甚至更长时间。劳动组织不当，不利于员工的健康。

②劳动精神过度紧张，这多见于新工人，或新设备投产试运行及生产不正常时，如在重油加氢作业中，硫化氢浓度大，易发生燃烧、爆炸和中毒危险，不仅新工人容易紧张，老工人在试运行期间也十分紧张。

③劳动强度过大或安排不当，比如超负荷的加班加点，以及检修时的工业探伤工作量的增大。

④个别器官、系统过度疲劳，比如光线不足使视力减退，长时间处于不良体位或使用不合理的工具设备。

■ 卫生条件和技术措施不良的有关因素

①生产场所设计不合理，如车间布置不当，有毒与无毒岗位设在同一工作间；厂房矮小、狭窄，设计时没有考虑必要的卫生技术设施，如通风、换气或照明等。

②防护措施缺乏、不完善或效果不好，如一些包装厂房或操作岗位往往缺乏防尘、防毒、防噪声等措施，特别是聚丙烯粉料、硅酸铝催化剂等包装时粉尘飞扬。

③缺乏安全防护设备和必要的个人防护用品，如铆工与焊工在同一

厂房作业，铆工有耳塞防噪声，焊工却没有；焊工有防紫外线的面罩保护眼睛，铆工却没有。

④自然环境因素，如炎热的季节，长时间户外工作而发生中暑。

⑤环境污染因素，如氯碱厂泄漏氯气，处于下风向的无毒生产岗位的工人会吸入氯气而中毒；化肥厂的氨气泄漏，也可使处于下风向的其他工种工人受害。

2. 职业性有害因素的预防

由于作业场所内职业性有害因素包含的内容多，涉及的范围广，因此要预防职业性有害因素，除了管理人员要从思想上加以重视，认真贯彻执行国家有关法规、标准之外，企业采取各种有针对性的技术和管理措施也是十分重要的。

企业主要应从以下几个方面加强工作：

■ 生产工艺、生产材料的革新

以无职业性危险物质产生的新工艺、新材料代替有职业性危害物质产生的工艺过程和原材料是最根本的预防措施，也是职业卫生技术在实践中加以应用的发展方向。

◎ 提醒您 ◎

> 对于散发有害物质的生产过程，从革新工艺流程、采用新材料角度无法解决时，企业应尽可能将生产设备加以密闭。

■ 尽可能地提高生产过程的自动化程度

以机械化生产代替手工或半机械化生产，可以有效地控制有害物质对人体的危害；采用隔离操作（将有害物质和操作者分离）和仪表控制

（自动化控制），对于受生产条件限制，有害物质强度无法降低到国家卫生标准以内的作业场所来说，是很好的措施。

■ 加强通风

加强通风是控制作业场所内污染源传播、扩散的有效手段。企业常用的通风方式有局部排风和全面通风换气。局部排风是在不能密封的有害物质发生源近旁设置吸风罩，将有害物质从发生源处直接抽走，以保持作业场所的清洁。全面通风换气是指利用新鲜空气替换作业场所内含有害物质的空气，以保持作业场所空气中有害物质浓度低于国家卫生标准的一种方法。采取正确的通风措施，可以大大减少有害物质的散发面积，减少受害人员数量。

■ 使用必要的防护用品

在有害物质浓度很高的作业场所，使用合格的个人防护用品可以有效防止有害物质从皮肤、消化道及呼吸道侵入人体。

■ 合理照明

合理照明是创造良好作业环境的重要措施。照明安排不合理或亮度不够，可造成操作者视力减退、产品质量下降、工伤事故增多的严重后果。

■ 合理规划厂区及车间

在新建、改建、扩建企业时，厂区的选择、规划，厂房建筑的配置及生活设施、卫生设备的设计要周密、合理；车间内部工件、机器的布置要合乎人机工程学的要求，应尽量减少劳动强度，保证工人在最佳体位下操作。

■ 合理安排劳动时间，严格控制加班加点

企业要根据劳逸结合的原则，对员工的生产、工作、学习和休息进行合理安排，确保员工有充沛的精力参加工作。

■ **加强卫生保健**

对员工进行定期健康检查，搞好厂区内环境卫生工作。

■ **湿式作业**

在有粉尘产生的操作中采用加水的方法，可以大大减少粉尘的飞扬，减少粉尘在作业场所空气中的悬浮时间。

■ **隔绝热源**

采用隔热材料或水隔热等方法将热源密封，可以起到防止高湿、热辐射对人体的不良伤害。

■ **屏蔽辐射源**

使用吸收电磁辐射的材料屏蔽隔绝辐射源，减少辐射源的直接辐射作用，是放射性防护中的基本方法。

■ **隔声、吸声**

对于噪声污染严重的作业场所，采取措施将噪声源与操作者隔离、用吸声材料将产噪设备密闭、减少产噪设备的振动等可以大大减少噪声污染。

职业病的预防措施

企业经营者应改善生产条件，保护员工在生产过程中的安全和健康，把控制职业性有害因素当成一件大事来抓。确保员工在清洁、安全、舒适的作业场所中进行生产，是防止各种职业病发生的根本措施。而要做到这一点，企业必须从以下几个方面加以努力：

1. 安全组织管理措施

■ **提高对搞好职业卫生工作的认识**

提高各级管理人员对职业卫生工作重要性的认识，是企业做好职业病预防工作的关键。企业的主要领导要有人分管职业卫生工作，并将其列入议事日程和作为一项重要工作来抓。在计划、布置、检查、总结、评比生产工作的同时，企业要计划、布置、检查、总结、评比职业卫生工作。主管领导要及时听取职业卫生管理人员有关职业性有害因素的预防、管理等方面的调查、汇报和建议，主持制定预防职业病的各种措施。

■ 认真贯彻执行职业卫生法规、标准

现有的职业卫生法规、标准，是根据目前的具体情况，在总结职业卫生工作长期经验的基础上制定的，具有普遍的代表性。严格执行法规、标准的规定是预防职业病的根本保障。企业必须采取各种有效措施，大力宣传职业卫生法规、标准，并在实际工作中严格贯彻执行。

■ 编制规划，有计划地改善劳动条件

企业在编制安排生产的同时，要编制职业卫生技术措施计划，所需经费、设备、器材要从财务和物资等方面认真安排解决。企业每年应在固定资产的更新和技术改造资金中提取适当的比例，有计划、分步骤地解决企业本身存在的职业性有害因素。

2. 卫生保健措施

■ 发放个人防护用品

定期对接触职业性有害物质的人员发放经检验合格的个人防护用品，大力宣传个人防护用品的作用及使用方法。

■ 普及卫生知识

要使企业的所有员工了解职业性有害物质的产生、发散特点和对人体的危害及紧急情况的急救措施；要使员工养成良好的卫生习惯，如饭前洗手、车间内不吃东西、工作服定点存放、定期清洗等，防止有害物质从口腔、皮肤等处进入人体。

3. 职业健康监护档案

职业健康监护档案内容包括：劳动者的职业史、职业病危害因素接触史、职业健康检查结果和职业病诊疗等有关个人健康与职业病的资料。这些资料可为劳动者的健康追踪、职业病诊断、有关健康损害责任划分以及职业病危害评价提供依据。因此，企业务必为每个劳动者建立职业健康监护档案，并按规定的期限予以妥善保存，档案保存期一般不应少于 10 年。劳动者离开企业时，有权索取本人职业健康监护档案复印件，企业应当如实、无偿地提供帮助，并在所提供的复印件上盖章。

4. 发放劳动防护用品

■ 劳动防护用品种类

劳动防护用品是指劳动者在劳动过程中为免遭或减轻事故伤害、职业危害所配备的防护装备。劳动防护用品分为一般劳动防护用品和特种劳动防护用品。其中，特种劳动防护用品是由国家认定的，在易发生伤害及职业危害的场合供员工穿戴或使用的劳动防护用品。

■ 有关特殊劳动防护用品的规定

①对于生产中必不可少的安全帽、安全带、绝缘防护用品、防毒面具、防尘口罩等员工个人特殊劳动防护用品，企业必须根据特定工种的要求配备齐全，保证质量并对特殊防护用品建立定期检验制度，不合格的、失效的一律不准使用。

②对于在易燃、易爆、烧灼及有静电发生的场所作业的员工，禁止发放、使用化纤防护用品。

■ 劳动防护用品的发放和使用

①发放防护用品的"三同"原则。

国家有关法规、文件规定，劳动防护用品应根据实际需要，本着"三同"（同工种、同劳动条件、同标准）的原则发放。

第一，对于从事多工种作业的员工，应按其从事的主要工种发给劳动防护用品，其他防护用品随借随还。

第二，对于各种来厂实习的在校学生和临时工、轮换工等，应按"三同"原则供给或借给劳动防护用品。

第三，对经常参加劳动和经常深入生产现场的生产管理人员和安技人员，均应按需要发给劳动防护用品。

②劳动防护用品的发放和使用规定。

第一，企业应为员工免费提供符合国家规定的劳动防护用品。

第二，企业不得以货币或其他物品替代应当配备的劳动防护用品。

第三，企业应教育本企业的员工按照劳动防护用品使用规则和防护要求正确使用劳动防护用品。

第四，企业应建立健全劳动防护用品的购买、验收、保管、发放、使用、更换、报废等管理制度，并应按照劳动防护用品的使用要求，在使用前对其防护功能进行必要的检查。

第五，企业应到定点经营单位或生产企业购买特种劳动防护用品。购买的劳动防护用品须经本单位的安全技术部门验收。

③防护用品的发放标准。

第一，有下列情况之一者，企业应该供给员工工作服或者围裙，并且根据需要分别供给工作帽、口罩、手套、护腿和鞋盖等防护用品：

• 有灼伤、烫伤或者容易发生机械外伤等危险的操作；

• 在强烈辐射热或者低温条件下的操作；

• 散放毒性、刺激性、感染性物质或者大量粉尘的操作；

• 经常使衣服腐蚀、潮湿或者特别肮脏的操作。

第二，在有危害健康的气体、蒸汽或者粉尘的场所操作的人员，应该由企业分别供给适用的口罩、防护眼镜和防毒面具等。

第三，在产生有毒的粉尘和烟气，并可能伤害口腔、鼻腔、眼睛、皮肤的场所工作的人员，应该由企业分别供给漱洗药水或者防护药膏。

第四，在有噪声、强光、辐射热和飞溅火花、碎片、刨屑的场所操作的人员，应该由企业分别供给护耳器、防护眼镜、面具和帽盔等。

第五，经常站在有水或者其他液体的地面上操作的人员，应该由企业供给防水靴或者防水鞋等。

第六，高空作业人员，应该由企业供给安全带。

第七，电气操作人员，应该由企业按照需要分别供给绝缘靴、绝缘手套等。

第八，经常在露天工作的人员，应该由企业供给防晒、防雨的用具。

第九，在寒冷气候中必须露天进行工作的人员，应该由企业根据需要供给御寒用品。

第十，在有传染疾病危险的生产部门工作的人员，应该由企业供给洗手用的消毒剂；所有工具、工作服和防护用品，必须由企业负责定期消毒。

第十一，产生大量一氧化碳等有毒气体的企业，应该备有防毒救护用具，必要时应该设立防毒救护站。

◎ 提醒您 ◎

安全负责人应该经常检查防毒面具、绝缘用具等特制防护用品，并且保证它们良好有效。

对于工作服和其他防护用品，安全负责人应该负责清洗和修补，并要规定保管和发放制度。

5. 个人防护措施

■ 加强防护用品的管理和保养维护

①工作服要定期清洗。

②专用防酸、防碱工作服及长管面具、橡胶手套等使用后，若有污染，一定要及时清洗，并要放在专柜妥善保管。

③氧气呼吸器要定期检查钢瓶气压，压力不足要及时换瓶或充氧。

④防毒面具用后，滤毒罐要用胶塞盖紧，牢记使用前要先打开胶塞。

⑤滤毒罐要经常进行称重或其他检查，发现失效要立即更换。

■ 合理使用个人防护用品

①个人防护用品有防护口罩、防毒面具、耳塞、耳罩、防护眼镜、手套、围裙、防护鞋等。

②合理、正确地使用防护用品非常重要，特别是在抢修设备等操作时，更要注意防护。

③在容易接触经皮肤吸收的毒物或酸、碱等化学物品的场所工作时，要注意皮肤的防护，如穿防酸、防碱工作服，戴橡胶手套等。

④在噪声操作场所，从隔声间出来到现场巡回检查时应及时佩戴耳塞或耳罩。

⑤在有毒、有害的岗位上，上班时应按规定穿工作服；在有特别要求的岗位上，应随身携带防毒面具，以备一旦发生意外泄漏毒物事故，可立即佩戴防毒面具。

6. 个人卫生保健措施

■ 做好个人卫生和自我保健

要求员工做到班后洗澡、更衣；饭前先洗手；不在作业场所饮食；改变不卫生的习惯和行为，如戒烟；平时劳逸结合，合理营养；加强锻炼，增强体质等。

■ 尘毒监测

①对生产劳动环境中的粉尘、毒物等有害因素，应根据国家的规定设定监测点，定期进行测定。

②测试人员进行现场测定时，员工应很好地进行配合，使测定结果能客观地反映作业场所的实际情况，避免出现误差或假象。

③把尘毒和有害因素的测定结果定期在岗位上挂牌公布，当测定结果超过国家卫生标准时，应及时查找原因，及时处理。

■ 健康体检

①新员工刚入厂时，要进行预防性体检。这种体检一方面可以及早发现新员工是否有职业禁忌症，例如患有哮喘的病人，不宜从事接触刺激性气体的作业；另一方面可以获得关于员工的基础健康资料，便于今后对比观察，做好保健工作。

②老员工应根据具体情况，定期进行体格检查。间隔时间为一年或两年，最长不超过四年，以便及早发现病情和进行治疗。

7. 作业管理

作业管理是指在给定的作业环境范围内，为使作业最安全、最舒适、最高效地进行而采取的保证措施。措施包括：

第一，坚持不懈地进行卫生教育，使作业者对与之相关的作业对象充分认识为目的的卫生教育尤为重要。

第二，标准化的严格遵守及协调性的作业是安全、高效地从事作业的重要保障。因此，企业必须对机械的配置、清洁、整顿，有害物的标示及处理方法，作业程序与作业姿势，应当使用的器具等内容进行管理和监督。

第三，责任者的选任及其职责权限的明确。

第四，个人防护用品、用具的选用及保养管理。

8. 健康管理

■ 建立健康检查制度

①对新入厂人员（包括因调动工作新上岗的人员）进行从事岗位

工作前的健康检查，并根据检查结果对其是否合适从事该岗位工作作出结论。

②对从事有害工种作业的员工定期进行健康检查，并建立健康档案。员工接受职业性健康检查所占用的生产、工作时间应按正常出勤处理。

■ 健康检查的事后处理

健康检查的事后处理应从医疗和工作安排两个方面同时展开，如要观察、要治疗、要调动、要进行工作限定等。当员工被确认患有职业病后，企业应根据职业病诊断机构的意见，安排其医治和疗养。对在医治和疗养后被确认不宜继续从事原有害工种作业的员工，企业应在确认之日起的两个月内将其调离原工作岗位，另行安排工作。

9. 作业环境管理

企业必须明确不同的作业及作业环境中使用的物质、机器可能给人体健康带来何种危害，并考虑有效的作业环境对策。对策包括：

第一，换气设备。设置换气、排气设备，并进行经常性的保养、检查或改进；设置必要的排出物收集、集尘装置。

第二，环境测定。从最重要的环境因素开始，对作业的特性以及有害物质的发生源、发生量随时间、空间的改变而变化的情况进行测定。对那些看似不重要的环境因素也不能轻视。

第三，采用封闭系统，探讨自动化或替代物品的使用。

第四，建立休息室、配置卫生设施等。

职业病的检查与管理

1. 职业病的检查

企业必须对怀疑患有职业病的员工进行必要的体格检查。检查内容有：

■ 一般体检

要求检查时认真、仔细，力求准确。

■ 重点检查

在一般体检基础上，根据患者接触职业性有害因素的具体情况，重点检查有关体征。另外，职业史也是诊断时的重要依据。

2. 职业病的管理

《职业病范围和职业病患者处理办法的规定》（以下简称《规定》）中规定了职业病诊断方法和职业病患者的待遇，并特别明确规定了企业对职业病患者所应承担的责任。

《规定》要求各级负责职业病报告工作的单位和人员必须树立法制观念，不得虚报、漏报、拒报、迟报、伪造和篡改。任何单位和个人不得以任何借口干扰职业病报告人员正当地执行任务。《规定》指出对于严格执行职业病报告办法的人员和单位，应予奖励；反之，根据情节严重，给予批评、行政处分，直至追究法律责任。

企业要以《规定》为准绳，严格执行和制定预防方法，在有关部门的协助下经常了解企业中作业场所工作环境的质量，掌握职业病的发病情况，经常检查职业卫生工作人员的工作情况，并为他们的工作创造便利条件。

《规定》中的"职业病名单"更新为 2013 年 12 月 23 日，有关部门联合印发了《职业病分类和目录》。

在生产劳动中，接触生产中使用或产生的有毒化学物质、粉尘气雾、异常的气象条件、高低气压、噪声、振动、微波、X 射线、γ 射线、细菌、霉菌，长期强迫体位操作，局部组织器官持续受压等，均可引起职业病，一般将这类职业病称为广义的职业病。对其中某些危害性较大、诊断标准明确，结合国情，由政府有关部门审定公布的职业病，称为狭义的职

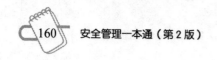

业病，或称法定（规定）职业病。

对法定职业病的认定是：必须是列在职业病目录中，有明确的职业相关关系，按照职业病诊断标准，由法定职业病诊断机构明确诊断的疾病。认定职业病须有四个要件：

第一，病人必须是企业、事业单位和个体经济组织的劳动者；

第二，疾病必须是在职业活动中产生的；

第三，病因必须是接触粉尘、放射性物质或其他有毒、有害物质等因素；

第四，病种必须是国家公布的职业病目录范围内的。

为了规范职业病诊断与鉴定工作，加强职业病诊断与鉴定管理，根据《中华人民共和国职业病防治法》，2021年1月4日国家卫生健康委员会令第6号令公布《职业病诊断与鉴定管理办法》，规定诊断为法定（规定）职业病的，需由诊断部门向卫生主管部门报告；法定职业病患者，在治疗休息期间，以及确定为伤残或治疗无效而死亡时，按照国家有关规定，享受工伤保险待遇或职业病待遇。《中华人民共和国职业病防治法》规定职业病的诊断应当由省级卫生行政部门批准的医疗卫生机构承担。

▶▶ 探究·思考 ◀◀

1. 什么是职业健康安全管理体系？

2. OHSAS 标准包含哪些标准术语？

3. 什么是职业病，职业病有什么特点？

4. 职业病该如何预防，有什么具体措施？

第六章
安全事故预防与应急处理

本章学习重点：

- 了解造成安全生产事故的原因，掌握预防安全生产事故的方法及注意事项
- 掌握安全应急预案的制定方法，能够进行应急预案的培训和演练
- 掌握安全事故处理、调查和分析的方法

主题词：安全生产事故　安全应急预案
安全事故处理

第一节 安全生产事故的预防

"安全第一，预防为主，综合治理"是安全工作的指导方针，企业不能在发生事故后才去找原因，追究责任，堵漏洞，更重要的是采取有效的事前控制措施，做到防患于未然，将事故消灭。为此，安全负责人要将主要工作放在安全预防上。

造成安全生产事故的主要原因

1. 安全生产意识淡薄

有些人由于缺乏工作实践，对安全生产的认识较差，认为最重要的是学技术，掌握生产技术才是硬本领，而对学习安全生产技术很不重视；有些人总是抱着侥幸心理，认为伤亡事故离自己十分遥远，不会落到自己头上。但是，血的教训告诉我们，安全生产意识淡薄是最大的隐患。

2. 未经培训上岗，无知酿成悲剧

有的生产经营单位招聘了员工后，不进行厂、车间、班组三级安全教育。员工未经安全生产、劳动保护培训就上岗，缺乏最基本的安全生产常识，冒险蛮干，违章作业，一旦发生事故，则惊慌失措，手忙脚乱，不知采取什么措施是正确的，头脑中一片空白，往往因此酿成悲剧。

3. 违反安全生产规章制度导致事故

企业的安全生产规章制度是企业规章制度的一部分，是现代企业制度的重要内容，上至企业的厂长、经理，下至企业最基层的员工都必须遵守，尤其是新员工更应该注意。新员工来到一个新的陌生环境，在好奇心的驱使下忘记了企业的安全生产规章制度，对什么东西都想动一动、摸一摸，往往就会酿成工伤事故，使自己和他人受到伤害。

企业的安全生产规章制度必须落实到车间、班组，必须落实到作业现场及每一个作业岗位。如果安全生产规章制度不落实，劳动环境就会存在以下不安全状态：

第一，防护、保险、信号等装置缺乏或有缺陷。

第二，设备、设施、工具、附件有缺陷，结构不合安全要求，通道门遮挡视线，制动装置有缺陷，安全间距不够，拦车网有缺陷，设施上有锋利倒棱。

第三，机械强度和绝缘强度不够，起吊重物的绳索不合安全要求。

第四，设备在非正常状态下运行，比如带"病"或超负荷运转。

第五，地面不平，维修、保养不当，设备失灵。

第六，个人防护用品用具缺少或有缺陷。

第七，生产（施工）场地环境不良主要表现为：环境照明光线不良，照度不足，作业场地烟尘弥漫，视物不清，或光线过强；通风不良，电路短路，停电停风时放炮作业，瓦斯排放未达到安全浓度时放炮作业，瓦斯浓度超限。作业场所狭窄，作业场地杂乱，工具、制品、材料堆放不安全，采伐时未开"安全道"等。

第八，交通线路的配置不安全，操作工序设计或配置不安全，地面滑，地面有油或其他液体，冰雪覆盖，地面有其他易滑物。

4. 违反劳动纪律引起安全事故

一支不受纪律约束的军队是一支没有战斗力的军队。一个不以严格的纪律要求员工队伍的企业，是一个缺乏市场竞争力的企业。血的教训一再告诉我们，一名不遵守劳动纪律的员工，往往就是一起重大伤亡事故的责任者。员工违反劳动纪律的主要表现如下：

第一，上班前饮酒，甚至上班时饮酒；

第二，上班无故迟到，下班早退溜号；

第三，工作时间开玩笑，嬉戏打闹；

第四，不按规定穿戴工作服和个人防护用品；

第五，在禁烟区随意吸烟，乱扔烟头；

第六，不坚守岗位，随意串岗聊天；

第七，业余生活无规律，上班时无精打采；

第八，工作时精神不集中，思想开小差；

第九，上夜班时偷偷睡觉；

第十，不服从上级正确调度指挥，自作主张随意更改规章；

第十一，无视纪律，自由散漫，上班时间吊儿郎当。

5. 违反安全操作规程十分危险

安全操作规程是人们在长期的生产劳动实践中，以血的代价换来的科学经验总结，是员工在生产操作中不得违反的安全生产技术规程。员工在生产劳动中如果不遵守安全操作规程，后果将十分严重，轻则受伤，重则丧命。每个员工都不可掉以轻心。

员工违反安全操作规程的主要表现如下：

第一，操作错误，忽视安全，未经许可或未给信号就开动、关停、移动机器，开关未锁紧造成意外转动、通电或漏电等，忘记关闭设备，忽视警告标志，奔跑作业，供料或送料速度过快，手伸进冲压模，工件紧固不牢，用压缩空气吹铁屑等；

第二，拆除或错误调整安全装置，造成安全装置失效；

第三，临时使用不牢固的设施，使用无安全装置的设备；

第四，用手代替手动工具，用手清除切屑，用手拿工件进行机加工，物体（指成品、半成品、材料、工具、切屑和生产用品等）存放不当；

第五，冒险进入危险场所，如冒险进入涵洞，接近漏料处，采伐、集材、运材、装车时未离开危险区，未经安全监察人员允许就进入油罐或井中，未"敲帮问顶"就开始矿井作业，在易燃易爆场合动用明火，私自搭乘矿车，在绞车道行走等；

第六，攀、坐在不安全位置（如平台护栏、汽车挡板、吊车吊钩），在起吊物下作业、停留，机器运转时加油、修理、调整、焊接、清扫等，有分散注意力的行为；

第七，在必须使用个人防护用品用具的作业或场合中忽视其作用，如未戴护目镜或面罩，未戴防护手套，未穿安全鞋，未戴安全帽，未戴呼吸护具，未佩戴安全带等；

第八，在有旋转零件的设备旁作业时穿过于肥大的服装，操纵带有旋转部件的设备时戴手套。

了解并执行安全生产法规

1. 应学习了解的相关法律法规

■《中华人民共和国劳动法》

《中华人民共和国劳动法》于 1994 年 7 月 5 日由第八届全国人民代表大会常务委员会第八次会议通过，并于 1995 年 1 月 1 日起实施。之后分别于 2009 年和 2018 进行了两次修订。本法是对劳动者安全与健康提供保障的最基本的法律条文，任何企业和用人单位都必须严格遵守执行。

用人单位必须建立、健全劳动安全卫生制度，严格执行国家劳动安全卫生规程和标准，对劳动者进行劳动安全卫生教育，防止生产过程中的事故，减少职业危害。

从事特种作业的劳动者必须经过专门培训并取得特种作业资格，劳动者在劳动过程中必须严格遵守安全操作规程。

■《中华人民共和国安全生产法》

《中华人民共和国安全生产法》于 2002 年 6 月 29 日由第九届全国人民代表大会常务委员会第二十八次会议通过，并于 2002 年 11 月 1 日起施行。最新修订时间为 2021 年 6 月 10 日，并于 2021 年 9 月 1 日起施行。

《中华人民共和国安全生产法》的立法宗旨：一是规范生产经营单位的安全生产行为，明确生产经营单位主要负责人的安全生产责任，依法建立安全生产管理制度；二是明确从业人员在安全生产方面的权利和义务，保障人民群众的人身安全和健康；三是明确各级人民政府的安全生产责任，依法加强安全生产监督管理，减少和防止生产安全事故；四是规范从事安全评价、咨询、检测、检验中介机构的行为，加强安全生产社会舆论媒体监督；五是依法建立生产事故应急救援体系，强化责任追究。

■《中华人民共和国刑法》

《中华人民共和国刑法》（以下简称刑法）于 1979 年 7 月 1 日由第五届全国人民代表大会常务委员会通过实施。最近一次修订为：2020 年 12 月 26 日，第十三届全国人民代表大会常务委员会第二十四次会议通过《中华人民共和国刑法修正案（十一）》，对刑法作出修改、补充，2021 年 3 月 1 日起施行。刑法对因违反安全规章制度而造成重大事故或严重后果的责任人员的处罚有了明确的规定。

2. 应执行的有关法规、规范和标准

■《施工现场临时用电安全技术规范》

为了贯彻国家安全生产的政策方针，保证施工现场的用电安全，相关部门制定颁布了《施工现场临时用电安全技术规范》。该规范对用电管理、施工现场与周围环境、接地与防雷、配电室及自有电源、配电线

路、电动建筑机械、手持电动工具及照明等都提出了详细的安全要求。

该规范还规定：安装、维修或拆除临时用电工程，必须由电工完成。电工等级应同工程的难易程度和技术复杂性相适应。

■《特种作业人员安全技术培训考核管理规定》

为规范特种作业人员的安全技术培训、考核和发证工作，相关管理部门发布了《特种作业人员安全技术培训考核管理规定》。特种作业，是指容易发生人员伤亡事故，对操作者本人、他人及周围设施的安全有重大危害的作业。特种作业包括：

①电工作业；

②金属焊接切割作业；

③起重机械（含电梯）作业；

④企业内机动车辆驾驶；

⑤登高架设作业；

⑥锅炉作业（含水质化验）；

⑦压力容器操作；

⑧制冷作业；

⑨爆破作业；

⑩矿山通风作业（含瓦斯检验）；

⑪矿山排水作业（含尾矿坝作业）；

⑫由省、自治区、直辖市安全生产综合管理部门或国务院行业主管部门提出，并经国家经济贸易委员会批准的其他作业。

执行安全生产责任制

1. 什么是安全生产责任制

企业安全生产责任制是企业中最基本的一项安全制度。它根据"管生产必管安全"的原则，综合各种安全生产管理、安全操作制度，对企业各级领导、各职能部门、有关工程技术人员和生产工人在生产中应负的安全责任作出了明确的规定。安全生产责任制的核心就是"安全生产，人人有责"。

安全生产责任制是加强安全生产规章制度教育的一个重要手段，对提高干部员工实行安全生产规章制度的自觉性有很大的作用。同时，有了安全生产责任制，发生工伤事故后，企业就能比较清楚地分析事故原因，弄清楚从管理到操作各方面的责任，对吸取教训、搞好整改、避免事故重复发生而言，是一项制度保证。

2. 安全生产责任制的内容

安全负责人有责任为本企业制定安全生产责任制，责任制的对象上至企业高层领导，下至基层工人。

安全生产责任制的内容主要有以下几方面：

■ 各级领导的安全生产责任

贯彻执行党和政府有关安全生产的方针、政策、法令、制度，贯彻"管生产必须管安全"的原则，做到在计划、布置、检查、总结、评比生产的同时要计划、布置、检查、总结、评比安全生产工作。

■ 各横向职能部门的安全生产责任

必须确保所管辖的业务范围内的安全生产，确保全厂的安全生产。

■ 安全技术部门和专职安全干部的责任

当好各级领导在安全生产方面的助手、参谋，协助领导搞好安全生产各个方面的管理工作。

■ 班组长的安全生产责任

抓好全班组的安全生产工作，配合领导和专职安全干部的管理工作，在班组中经常检查督促工人遵章守纪，遵守安全生产操作规章制度，合理使用劳动保护用品，纠正、阻止违章作业，及时发现各种隐患，遇到不能解决的问题时要及时上报。

■ 工人的安全生产责任

遵章守纪，劝阻他人违章作业，有权拒绝违章指挥等。

[实例]

某企业安全生产责任制

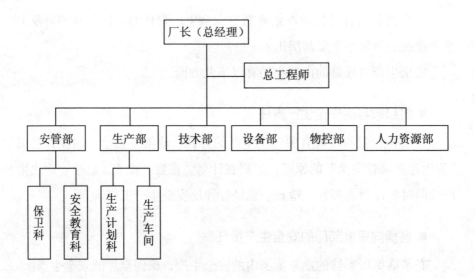

1. 厂长（总经理）安全职责

厂长（总经理）是企业安全生产的第一责任人，对安全工作负有全面责任。其具体职责简述如下：

（1）对企业的安全工作负全面责任，并直接管理企业的安全专职机构和人员，开展日常的安全管理工作。

（2）贯彻执行国家和上级有关安全生产的方针、政策、指示和各项规章制度。

（3）在计划、布置、检查、总结生产工作的同时，要计划、布置、检查、总结安全生产工作。

（4）组织、领导编制劳动保护措施计划，合理安排措施经费，并组织力量保证措施、计划的实施。

（5）组织、领导制定和审查企业制定的各项劳动保护规章制度和安全操作规程，并贯彻执行。

（6）有计划地组织管理者和工程技术人员学习劳动保护方针、政策和业务知识，并且定期进行劳动保护教育。

（7）定期检查安全管理和劳动保护工作，对各级管理者的安全工作进行考核。

（8）定期组织安全生产和工业卫生检查，对查出的重大问题要及时研究解决。

（9）组织好车间、班组的经常性安全活动，推广先进经验。

（10）生产中一旦发生事故，应及时组织调查，分析发生事故的原因，对事故责任者要严肃处理，制定改进措施，预防事故重复发生。

2. 总工程师安全职责

（1）贯彻上级有关安全生产和劳动保护的方针、政策、法令、批示和规章制度，负责组织管理者制定本单位安全生产规章制度并认真贯彻执行。

（2）每季度主持召开车间、科室管理者会议，分析本单位的安全生产形势，检查工作，制定措施。

（3）每年组织数次以查思想、查纪律、查制度、查管理者、查事故隐患为主要内容的群众性安全大检查，对检查中发现的重大问题负责编制措施计划，并组织有关部门实施。

（4）重视新产品、新材料、新设备的使用、储存和运输，督促有关部门加强安全管理。

（5）监督有关单位按规定进行工伤事故的调查处理，凡发生死亡或重大恶性事故应亲临现场组织处理，并对统计、报告的正确性负责。

（6）定期布置和检查劳动保护专职机构的工作。

（7）认真贯彻安全生产"五同时"。

3. 安管部安全职责

（1）协助管理者组织推动企业的安全生产和劳动保护工作，切实贯彻执行党和国家的劳动保护政策、法规和制度。

（2）汇总和审查企业的劳动保护措施计划，并督促有关部门和单位按期实施。

（3）组织协助有关部门和单位制定或修改劳动保护操作规程和有关的规章制度，并对这些规程、制度的贯彻执行情况进行监督检查。

（4）参加新建、改建、扩建和技术改造工程项目的设计审查、竣工验收和试运转工作，督促劳动保护设施按"三同时"原则执行。

（5）经常地、有计划地对员工进行安全生产教育和培训，配合劳动保护监察部门搞好特种作业人员的安全教育培训和考核工作。

（6）协助管理者组织好日常的安全检查工作，发现问题及时督促和协助解决；发现重大隐患时，有权指令先停止生产，并立即报告管理者研究处理。

（7）参加伤亡事故的调查处理，进行伤亡事故的登记、统计、分析、报告，做好事故的预测预报工作；协助有关部门制定预防事故的措施，并督促按期执行。

（8）协助有关部门和单位搞好职业病和各种职业危害情况的调查、分析、报告工作，研究和实施防治措施。

（9）督促有关部门和单位，按照有关规定及时给个人发放防护用品（具）、保健食品和清凉饮料，并指导员工正确使用。

（10）其他安全职责。

①督促有关部门和单位搞好劳逸结合，做好女员工的特殊劳动保护工作。

②及时提出企业需要解决的劳动保护科研课题，协助企业科研部门搞好劳动保护的科研工作。

③会同劳动保护组织选拔、培训劳动保护积极分子，指导和支持他们开展群众监督检查活动。

④总结和推广劳动保护先进经验。

4. 生产部安全职责

（1）协助厂长（总经理）领导本部门的安全生产工作，对分管的安全工作负直接领导责任。

（2）组织员工学习安全生产法规、标准及有效文件，主持制定安全生产管理制度和安全技术操作规程。

（3）在编制生产计划时要同时编制劳动保护措施计划，检查生产进度时要同时检查安全生产情况，如发现问题，负责进行调度，并转告有关部门。

（4）负责生产事故的调查分析，提出处理意见和改进措施，并每月按时将上月的生产事故统计报告送劳动保护专职机构汇总。

（5）在生产调度中发现有重大安全隐患，要及时进行调度指挥，采取措施，消除隐患。

（6）安排生产计划时，必须考虑生产设备装置的能力，防止设备装置超负荷运行，应考虑到水、电、汽、气的平衡。

（7）在生产安排上，还要确保设备中修、大修计划的按期实施，组织好全厂的均衡生产。

5. 技术部安全职责

（1）负责进行劳动保护、安全技术的研究工作，有计划地解决劳动保护方面的重大问题，负责劳动保护措施项目的工艺设计和审查，解决生产施工中的有关安全问题。

（2）参加有关劳动保护措施项目的审查，以及劳动保护方面的标准、规范、规程的制定和审查。

（3）编制或修订工艺规程、操作规程、岗位操作法、工艺标准等，必须达到劳动保护条件要求。

（4）制定长远发展规划，应包括劳动保护、改善劳动条件与文明生产的项目。

（5）在技术革新、技术改造、新产品试制、新工艺和新材料的采用等项工作中，必须考虑劳动保护方面的要求，应尽量采用无毒、低毒物品代替有毒、高毒物品。

（6）负责组织制定新产品、新工艺的安全操作法和劳动保护规程，在试产前，要妥善做好各项安全措施，并进行劳动保护指导。

6. 设备部安全职责

（1）负责机械、电器、仪表、设备、工艺管道、通风排风装置及工业建筑、构筑物的管理，使其处于完好状态。

（2）制定或审查有关设备制造、改造方案，参与组织编制或修改劳动保护措施计划，并确保其实施。

（3）监督各车间机械动力设备的正常使用，保证其正常运转，防止发生事故。

（4）编制企业内通用设备的维修规程和有关规章制度，督促检查执行情况。

（5）负责企业的压力容器、起重、锅炉、动力设备及安全装置的管理、检查和定期保养工作。

（6）在平衡供给各车间水、电、汽、气等动力时，应考虑设备能力，确保其安全运转，并检查其使用情况。

（7）在设备进行大修时，必须做好应有的安全措施，对机修人员进行安全操作教育并做好现场监护；大修完毕要负责验收检修质量，保证安全运转。

（8）制定和修订动力设备的安全操作规程，并随时检查执行情况。

（9）负责企业的工业建筑管理，发现险情，要及时组织检修。

（10）组织按期实施劳动保护措施计划，对设备的安全隐患提出整改措施。

（11）负责设备事故的调查分析，提出处理意见和改进措施，并按月报送劳动保护专职机构汇总。

7. 物控部安全职责

（1）负责实施劳动保护措施所需的物资和防护器材的采购、供应，并确保采购的物料符合安全要求。

（2）负责对采购、保管、发放、运输、驾驶等员工进行安全教育，切实搞好物资仓库的防火安全工作。

（3）负责对装卸运输机械、设备、工具的维护保养和检修，确保机动车辆、设备和安全附件的完好，对车辆要定期进行检修。

（4）要认真贯彻国家颁布的危险物品安全管理有关规定，制定管理办法，并督促所属单位认真执行。

8. 人力资源部安全职责

（1）将新员工安排到技术安全部门进行安全教育，未经厂级安全教育或厂级安全教育不合格者，不准分配到车间。

（2）新员工进入生产岗位前应做好体检工作，分配时应执行有关职业禁忌症和女员工保护的规定。

（3）严格管理加班加点，注意劳逸结合，配合有关部门做好职业禁忌症员工的工作调动。

（4）对符合上级规定、执行轮休的从事有毒有害作业的人员，要配备好所需的劳动力，并安排好轮休工作。

（5）未经培训的普通员工不得替代技术工，学徒在没有师傅带领指导下不得独立操作。

（6）重要工种和要害部门操作人员的安排应相对稳定，调配新员工时应考虑该岗位对作业人员的政治、技术、健康状况的要求。

（7）在员工晋级、评奖时应把安全生产情况作为考核内容之一。

（8）在对各级管理人员进行鉴定或提升时，应将其贯彻安全生产方针的情况作为考核内容之一。

（9）参加事故鉴定工作，会同有关部门做好因工伤亡人员的善后处理工作。

（10）负责对违反安全生产规章制度而造成的重大事故的工伤处理工作。

（11）在高温季节，对温度高和体力劳动强度大的部门应适当配备医务人员和药品，以保护员工的健康。

（12）参与调查并负责处理重大的工伤、生产、设备及火灾等事故。

3. 建立、健全和贯彻执行安全生产责任制

■ 修改完善

提高各级管理者对安全生产的思想认识，增强他们贯彻执行安全生产责任制的自觉性。

■ 定期检查

认真总结安全生产工作的经验教训，按照人员、工作岗位和生产活动情况，明确规定员工的具体职责范围。

■ 提高认识

在执行过程中要随着生产的发展和科学技术水平的提高，不断地修改和完善安全生产制度。

■ 认真总结

企业各级管理者和职能部门必须经常和定期检查安全生产责任制的贯彻执行情况，发现问题，及时解决。

①对执行好的单位和个人，应当给予表扬。

②对不负责任或由于失误而造成工伤事故的，应予批评和处分。

■ 全员参与

在安全生产责任制的制定和贯彻执行过程中，要发动全员参加讨论，广泛听取员工意见。在制度审查批准后，要使全体员工都知道，以便监督检查。

运用安全色确保安全

在生产中所发生的灾害或事故，大部分是由于人为疏忽造成的。因此，企业有必要追究到底是什么原因导致人为的疏忽并研究如何预防。

其中，利用安全色是很有必要的一种手段。

1. 安全色的含义和用途

表 6-1　安全色的含义和用途表

颜色	含义	用途举例
红色	禁止 停止	禁止标志 停止信号，如机器、车辆上的紧急停止手柄或按钮，以及禁止人们触动的部位
	红色也表示防火	
蓝色	指令及必须 遵守的规定	指令标志，如必须佩戴个人防护用具，道路上指引车辆和行人行驶方向的指令
黄色	警告 注意	警告标志 警戒标志，如厂内危险机器和坑池周围提醒注意的警戒线 行车道中线 机械齿轮箱内部 安全帽
绿色	提示 安全状态 通行	提示标志 车间内的安全通道 行人和车辆通行标志 消防设备和其他安全防护设备的位置

注：1. 蓝色只有与几何图形同时使用时，才表示指令。

2. 为了不与道路两旁绿色行道树相混淆，道路上的提示标志用蓝色。

2. 对比色

对比色为黑、白两种，使用对比色是通过反衬使安全色更加醒目，如安全色需要使用对比色时，应按相关的规定（见表 6-2）实行。

黑色可用于安全标志的文字、图形符号和警告标志的几何图形，白色可用于安全标志的文字和图形符号。

红色和白色、黄色和黑色间隔条纹，是两种较醒目的标志。

表 6-2　对比色表

安全色	相应的对比色
红色	白色
蓝色	白色
黄色	黑色
绿色	白色

3.安全色使用标准

■ 红色

红色表示禁止、停止、消防和危险的意思。凡是禁止、停止和有危险的器件、设备或环境，应涂以红色的标志。

■ 黄色

黄色表示注意，警告人们注意的器件、设备或环境应涂以黄色的标志。

■ 蓝色

蓝色表示指令及必须遵守的规定。

■ 绿色

绿色表示通行、安全和提供信息的意思。在可以通行或安全的情况下，应涂以绿色的标志。

■ 红色和白色相间隔的条纹

红色与白色相间隔的条纹，比单独使用红色更为醒目，表示禁止通行、禁止跨越的意思，多用于公路、交通等方面所用的防护栏杆及隔离墩。

■ 黄色与黑色相间隔的条纹

黄色与黑色相间隔的条纹，比单独使用黄色更为醒目，表示特别注意的意思，多用于起重吊钩、平板拖车排障器、低管道等方面。相间隔的条纹，两色宽度相等，一般为10毫米。在较小的面积上，其宽度可适当缩小，每种颜色不应少于两条，斜度一般与水平呈45°。在设备上的黄黑条纹，其倾斜方向应以设备的中心线为轴，相互对称。

■ 蓝色与白色相间隔的条纹

蓝色与白色相间的条纹，比单独使用蓝色更为醒目，表示指示方向，用于交通上的指示性导向标。

■ 白色

标志中的文字、图形、符号和背景色以及安全通道、交通上的标线用白色。标示线、安全线的宽度不小于60毫米。

■ 黑色

禁止、警告和公共信息标志中的文字、图形都适合用黑色。

运用安全标志确保安全

1. 安全标志

安全标志是由安全色、边框和以图像为主要特征的图形符号或文字构成的标志，用以表达特定的安全信息。

安全标志分为禁止标志、警告标志、命令标志和提示标志四大类。

■ 禁止标志

禁止标志是禁止或制止人们做某个动作，其基本形式是带斜杠的圆边框（如图6-1所示）。

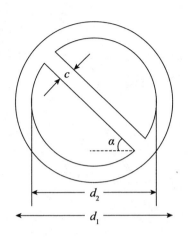

图 6-1　禁止标志基本形式图

①禁止标志基本形式的参数：

外径 d_1=0.025L；

内径 d_2=0.800d_1；

斜杠宽 c=0.080d_1；

斜杠与水平线的夹角 a=45°；

L 为观察距离（见表 6-7）。

②禁止标志的颜色（见表 6-3）。

表 6-3　禁止标志颜色表

部位	颜色
带斜杠的圆边框	红色
图像	黑色
背景	白色

■ 警告标志

警告标志的含义是促使人们提防可能发生的危险。警告标志的基本形式是正三角形边框（如图6-2所示）。

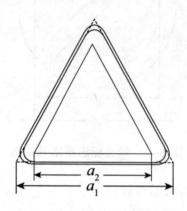

图6-2 警告标志基本形式图

①警告标志基本形式的参数：

外边 a_1=0.034L；

内边 a_2=0.700a_1；

边框外角圆弧半径 r=0.080a_2

L为观察距离（见表6-7）。

②警告标志的颜色（见表6-4）。

表6-4 警告标志颜色表

部位	颜色
正三角形边框、图像	黑色
背景	黄色

■ 指令标志

指令标志的含义是必须遵守。

指令标志的基本形式是圆形边框（如图6-3所示）。

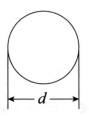

图 6-3　命令标志基本形式图

①命令标志基本形式的参数：

直径 d=0.025L ；

L 为观察距离（见表 6-7）。

②命令标志的颜色（见表 6-5）。

表 6-5　命令标志颜色表

部位	颜色
图像	白色
背景	蓝色

■ 提示标志

提示标志的含义是提供目标所在位置与方向的信息。提示标志的基本形式是正方形边框（如图 6-4 所示）。

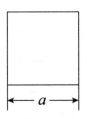

图 6-4　提示标志基本形式图

①提示标志基本形式的参数：

边长 a=0.025L；

L 为观察距离（见表 6-7）。

②提示标志的颜色（见表 6-6）。

表 6-6　提示标志颜色表

部位	颜色
图像、文字	白色或绿色
背景	绿色或白色

2. 文字辅助标志

文字辅助标志的基本形式是矩形边框。

文字辅助标志有横写和竖写两种形式。

横写时，文字辅助标志写在标志的下方，可以和标志连在一起，也可以分开。

禁止标志、指令标志为白色字，警告标志为黑色字。禁止标志、指令标志衬底色为标志的颜色，警告标志衬底色为白色。

竖写时，文字辅助标志写在标志杆的上部。

禁止标志、警告标志、指令标志、提示标志均为白色衬底，黑色字。标志杆下部色带的颜色应和标志的颜色相一致。

3. 安全标志牌

安全标志牌须根据相关标准的基本图形制作。

安全标志牌要有衬边。除警告标志边框用黄色勾边外，其余全部用白色将边框勾一窄边，即为安全标志的衬边，衬边宽度为标志边长或直径的 0.025 倍。

安全标志牌应采用坚固耐用的材料制作，一般不宜使用遇水变形、变质或易燃的材料。有触电危险的作业场所应使用绝缘材料。

标志牌应图形清楚，无毛刺、孔洞和影响使用的任何疵病。

表 6-7　安全标志的尺寸

单位：m

型号	观察距离 L	圆形标志的外径	三角形标志的外边长	正方形标志的边长
1	0<L ≤ 2.5	0.070	0.088	0.063
2	2.5<L ≤ 4.0	0.110	0.142	0.100
3	4.0<L ≤ 6.3	0.175	0.220	0.160
4	6.3<L ≤ 10.0	0.280	0.350	0.250
5	10.0<L ≤ 16.0	0.450	0.560	0.400
6	16.0<L ≤ 25.0	0.700	0.880	0.630
7	25.0<L ≤ 40.0	1.110	1.400	1.000
注：允许有 3% 的误差				

◎ **提醒您** ◎

　　安全标志牌应设在醒目的、与安全有关的地方，并使大家看到后有足够的时间来注意它所表示的内容；不宜设在门、窗、架等可移动的物体上，以免这些物体位置移动后，挡住安全标志。

【实例】

安全标志范例

现场目视安全管理

1. 安全标语和标准作业看板

工厂是人、物、设备的集合体，意外事件发生的概率比其他工作场所大得多，一旦发生意外，后果不堪设想。所以，对工厂意外事件的防范，绝对不能掉以轻心。

■ 安全标语

[实例]

安全标语集锦

以人为本 安全第一	安全是科学技术 也是第一生产力	多看一眼安全保险 多防一步不出事故	你对违章讲人情 事故对你不留情	安全连着你我他 平安幸福靠大家

企业应在工厂的各个地方张贴安全标语，提醒大家注意安全，降低意外事件的发生。

■ 标准作业看板

企业可通过标准作业看板，使大家在作业时，有一些安全示范，避免意外事件发生。

2.安全图画与标示

生产作业现场内，有一些地方，如机器运作半径的范围内、高压供电设施的周围、有毒物品的存放场所等，如果不小心的话，很容易发生事故。所以，基于安全考虑，这些地方应被规划为禁区。

大多数员工知道要远离这些禁区，但时间一长，警觉性就会降低，意外潜在的发生率则无形中在增加。所以，企业一定要用目视的方法时时予以警示。

第一，在危险地区的外围，围一道铁栏杆，让人们即使想进入也无路可走；铁栏杆上最好再标上如"高压危险，请勿走近"的文字警语。

第二，若没办法架设铁栏杆，可以在危险的部位漆上代表危险的红漆，让大家警惕。

3.画上"老虎线"

在某些比较危险但人们又容易疏忽的区域或通道上，在地面画上"老虎线"（黄黑相间的斑纹线），借助人们对老虎的恐惧来提醒员工的注意，告诉员工现在已经步入工厂"老虎"出没的地区，为了自身的安全，每个人都要多加小心。

4.限高标示

场地不够用，许多企业就会动夹层屋的脑筋，即向高空发展。因为一般工厂的厂房，比普通的建筑物要高出许多，所以，夹层屋可以说是一种充分利用空间的好方法。但它本身也会给企业带来一些负面影响，最主要的就是搬运的问题了。因为这种夹层屋把厂房的高度截半，所以，搬运高度就受到限制。如果搬运的人没有注意到高度限制的话，很可能会碰撞到夹层屋屋顶。所以，企业最好运用目视的方法让搬运的人注意到高度的限制。

■ 红线管理

假设厂房内搬运的高度设限是 5 米，在通道旁的墙壁上，从地面向上量起 5 米的地方，画上一条红线，让搬运人员目测判断，他所运送的东西高度是否超过了 5 米红线。

■ 防撞栏网

在通道设置防撞栏网，这个网的底部距离地面的高度是 5 米。如果搬运的东西高度超过 5 米，会先碰到这个栏网，但并不会损害到所搬运的物品。这样一来，它会发出一个信号，让搬运的人很容易知道超过限高了，从而采取相应的措施。

5. 易于辨识的急救箱

为了让每个人在发生事故需要用到急救箱时，能及时、准确地知道它放置的位置，企业应将急救箱应放在一个固定、醒目的地方。

急救箱上一般有一个很明显的红十字标志，一般人都知道它的含义。有了这种明确的标志，在需要用到它的时候，员工应该很容易识别出它。

6. 对消防器材定位与标示

消火栓、灭火器等消防器材用到的机会比较小，很容易被人忽视。但需要时，每个人都应该知道它的准确位置。所以，企业应对这些消防器材加以管理，以备不时之需，具体可采用以下目视方法。

■ 定位

为灭火器等消防器材找一个固定的放置场所，当意外发生时，员工可以立刻找到灭火器。如火火器悬挂于墙壁上，当其重量超过 18 丁克时，它的高度应低于 1 米；当其重量在 18 千克以下时，它的高度不得超过 1.5 米。

■ 标志

工厂内的消防器材常被其他物品遮住，这势必延误取用时机。所以，企业最好在放置这些消防器材的地方设立一个较高的标志看板，增加其能见度。

■ 禁区

消防器材前面的通道一定要保持畅通，才不会造成取用时的阻碍。所以，为了避免其他物品占用通道，在这些消防器材前面，企业一定要规划出安全区，而且画上"老虎线"，提醒大家共同遵守安全规则。

■ 放大的操作说明

人通常在非常紧急的时刻才会用到消防器材，这时，人难免会慌乱，而在慌乱的情况之下，恐怕连如何使用这些消防器材都给忘了。所以，企业最好在放置这些消防器材的墙壁上，贴上一张放大的简易操作步骤说明图，供人参考。

■ 明示的换药日期

企业应注意灭火器内药剂的有效期，一定要按时更新，以确保灭火器的有效性。企业应把该灭火器的下一次换药日期明确地标示在灭火器上，让所有人共同注意安全。

7. 紧急联络电话看板

在非上班时间，若有意外发生，当值人员除了立即报警之外，还要通知企业有关主管。当然，报警及通知都是用电话来联络的。

除了"110"及"119"这两个电话号码之外，附近的派出所、电力公司、自来水公司、燃气公司及各相关主管的个人电话号码，都可能用到。这些电话号码平时很少使用，不容易记住，一旦需要用它们，就可能想不起来号码是多少。

所以，若在警卫室或值班室内设置一个"紧急联络电话看板"（见图 6-5），将相关联络对象的电话号码写出来，肯定有助于提升警卫或值班人员应付紧急事件的应变能力。

紧急响应机构	警察：110 消防：119 救护车：120 派出所： 医院： 自来水公司： 燃气公司： 电力公司：
公司有关主管	董事长： 总经理： 厂长： ……

图 6-5　紧急联络电话看板

8. 急难抢救顺序看板

当意外事件发生时，相信现场的所有员工都想帮忙，但通常在面对这种必须果断处理的情况时，员工往往会因为缺乏处理经验而显得手足无措。

意外事件的处理，往往要争分夺秒，若大家乱了手脚，势必会延误抢救时机。所以，企业不妨在易发生灾害的场所设置一些"急难抢救顺序看板"（见图6-6），让大家在必要时，可以通过看板上的步骤与指示，有一个标准动作顺序可以遵循，从而能把握第一处理时间，减少意外事件的伤害。

急难抢救顺序看板
步骤 1：
步骤 2：
步骤 3：
步骤 4：
步骤 5：
步骤 6：

图 6-6 急难抢救顺序看板

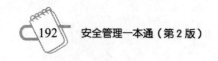

第二节　安全应急预案

企业在生产经营过程中常常会遇到各类紧急情况，如火灾、爆炸、危险品事故等。紧急情况往往会造成人员伤亡，中断生产经营活动，造成物质或环境损失，威胁企业的财产安全，损坏企业公共形象等。为降低紧急事故造成的损失，企业必须编制应急预案。

应急预案的种类

应急预案是针对具体设备、设施、场所和环境，在安全评价的基础上，为降低事故造成的人身、财产与环境损失，就事故发生后的应急救援机构和人员，应急救援的设备、设施、条件和环境，行动的步骤和纲领，控制事故发展的方法和程序等，预先作出的科学有效的计划和安排。应急预案根据不同的分类标准可以分为不同的种类。

应急预案应当有相应的组织负责编制。根据预案责任主体的性质不同，应急预案可以分为企业预案和政府预案，企业预案由企业根据自身情况编制，由企业负责；政府预案由政府组织编制，由相应级别的政府负责。

根据事故影响范围的不同，预案可以分为现场预案和场外预案。现场预案又可以分为不同等级，如车间级、工厂级等；场外预案按事故影响范围的不同，又可以分为区县级、地市级、省级、区域级和国家级。各级预案均各有侧重，但应协调一致。

企业应编制的应急预案

一个企业究竟应当编制多少个应急预案，这是安全负责人在应急管理工作中首要考虑的问题。

1. 编制应急预案数量问题的内容

生产经营单位编制应急预案的数量问题包括以下三个方面的内容：

■ 是否必须编制应急预案

《中华人民共和国安全生产法》第二十一条规定："生产经营单位的主要负责人对本单位安全生产工作负有下列职责：……（六）组织制定并实施本单位的生产安全事故应急救援预案。"这就是说，生产经营单位必须编制应急预案，这是不容置疑的。

■ 至少应编制几个应急预案

编制应急预案数量的底线是遵守安全生产有关法律法规的规定。"合法"是对生产经营单位生产安全工作最基本的要求，是生产安全管理的底线。这就要求生产经营单位充分了解法律法规对其编制应急预案的种类和数量的要求。

■ 编制多少应急预案才能符合应急管理工作的实际需要

生产经营单位编制应急预案的数量应当包括国家有关安全生产法律法规所要求的全部内容，以此来有效地控制各种事故、灾难的发生和发展。与此同时，预案数量又要与生产经营单位的应急能力相适应，这就要生产经营单位结合自身的实际情况来确定编制的数量。

2. 确定编制应急预案数量的主要原则

■ 有法必依、有规必守的原则

目前我国对应急管理工作作出规定的法律、法规、标准及文件主要有以下几个方面：

在法律方面，主要有《中华人民共和国安全生产法》《中华人民共和国职业病防治法》《中华人民共和国消防法》《中华人民共和国矿山安全法》等。

在法规方面，主要有《危险化学品安全管理条例》《特种设备安全监察条例》《建设工程安全生产管理条例》《中华人民共和国防汛条例》等。

在标准及其他文件方面，主要有《生产经营单位生产安全事故应急预案编制导则》（GB/T 29639–2020）、《国务院关于全面加强应急管理工作的意见》、《关于加强安全生产事故应急预案监督管理工作的通知》（安委办字〔2005〕48号）等。

上述法律、法规和标准所规定要编制应急预案的生产经营单位，必须严格依法执行。

■ 编制应急预案的底线原则

不同行业和危险性不同的生产经营单位必须编制的应急预案数量和内容是不同的，要结合本单位的具体情况确定。但是，涉及如下管理对象的生产经营单位必须编制相应的应急预案，这是编制应急预案的底线原则。

①有关重大危险源的应急预案。

《中华人民共和国安全生产法》第四十条规定："生产经营单位对重大危险源应当登记建档，进行定期检测、评估、监控，并制定应急预案，告知从业人员和相关人员在紧急情况下应当采取的应急措施。"

②有关危险物品的应急预案。

《中华人民共和国安全生产法》第八十二条规定："危险物品的生产、经营、储存单位以及矿山、金属冶炼、城市轨道交通运营、建筑施工单位应当建立应急救援组织；生产经营规模较小的，可以不建立应急救援组织，但应当指定兼职的应急救援人员。危险物品的生产、经营、储存、运输单位以及矿山、金属冶炼、城市轨道交通运营、建筑施工单位应当配备必要的应急救援器材、设备和物资，并进行经常性维护、保养，保证正常运转。"

③有关职业病的应急预案。

《中华人民共和国职业病防治法》第二十条规定："用人单位应当采取下列职业病防治管理措施：……（六）建立、健全职业病危害事故应急救援预案。"

④有关消防的应急预案。

《中华人民共和国消防法》第十六条规定："机关、团体、企业、事业等单位应当履行下列消防安全职责：（一）落实消防安全责任制，制定本单位的消防安全制度、消防安全操作规程，制定灭火和应急疏散预案。……"

⑤有关矿山事故的应急预案。

《中华人民共和国矿山安全法》第三十条规定："矿山企业必须制定矿山事故防范措施，并组织落实。"

⑥有关建设工程的应急预案。

《建设工程安全生产管理条例》第四十八条规定："施工单位应当制定本单位生产安全事故应急救援预案，建立应急救援组织或者配备应急救援人员，配备必要的应急救援器材、设备，并定期组织演练。"第四十九条规定："施工单位应当根据建设工程施工的特点、范围，对施工现场易发生重大事故的部位、环节进行监控，制定施工现场生产安全事故应急救援预案。实行施工总承包的，由总承包单位统一组织编制建设工程生产安全事故应急救援预案，工程总承包单位和分包单位按照应急救援预案，各自建立应急救援组织或者配备应急救援人员，配备救援器材、设备，并定期组织演练。"

⑦有关危险化学品的应急预案。

《危险化学品安全管理条例》第七十条规定："危险化学品单位应当制定本单位危险化学品事故应急预案，配备应急救援人员和必要的应急救援器材、设备，并定期组织应急救援演练。"

⑧有关特种设备的应急预案。

《特种设备安全监察条例》第六十五条规定："特种设备安全监督管

理部门应当制定特种设备应急预案。特种设备使用单位应当制定事故应急专项预案，并定期进行事故应急演练。"

⑨有关防汛、防震应急预案。

《中华人民共和国防汛条例》第十三条规定："有防汛抗洪任务的企业应当根据所在流域或者地区经批准的防御洪水方案和洪水调度方案，规定本企业的防汛抗洪措施，在征得其所在地县级人民政府水行政主管部门同意后，由有管辖权的防汛指挥机构监督实施。"

许多省市所颁布的地方性法规也有相应的内容。例如，《上海市防汛条例》第十三条规定："市和区、县防汛预案确定的有防汛任务的部门和单位（以下简称有防汛任务的部门和单位）应当根据防汛任务的要求，结合各自的特点，编制本部门、本单位的防汛预案，并报同级水行政主管部门备案。有防汛任务的单位还应当报其主管部门备案。其他部门和单位应当制定防汛的自保预案。"

地震多发地区的企业应当编制有关防震和抗震的应急预案。有关地震方面的预案编制要求大都出现在地方性法规中。例如《云南省防震减灾条例》第三十四条规定："各级人民政府应当制定本行政区域内的地震应急预案，并报上一级人民政府及其地震工作主管部门备案。有关部门应当根据本行政区域内的地震应急预案，制定本部门或者本系统的地震应急预案，报本级人民政府应急管理部门和地震工作主管部门备案。交通、水利、电力、通信等基础设施和学校、医院等人员密集场所的管理单位，以及矿山等可能发生次生灾害的生产经营单位，应当制定地震应急预案，并报所在地县级人民政府应急管理部门和地震工作主管部门备案。重大水利、水电枢纽工程、危险品生产经营单位的地震应急预案，应当报省地震工作主管部门备案。"

⑩其他方面的应急预案。

除了以上各项管理对象必须编制应急预案外，还有如下两类规定：一是一些特殊行业，包括铁路、民航、水运、公路交通、电力等，对其特殊应急预案有专门规定；二是特殊气候和地质灾害方面的应急预案，如防台风的应急预案、防滑坡的应急预案等，主要是在有关地区性法规中予以规定。

■ 从实际需要出发的原则

生产经营单位除了按上述法律法规规定必须编制的应急预案以外，还要从自身的实际情况出发，编制一些具有针对性的应急预案，主要有以下几个方面：

①存在易燃易爆物品，且有发生重大事故可能的；

②存在有毒有害物质，且有泄漏可能的；

③如果发生停水、停电、停气，可能影响正常生产生活情况的；

④其他情况，包括交通拥挤、人员聚集场所和存在重大治安问题的场所。

3. 确定是否需要编制应急预案的方法与程序

如何确定是否存在上述情况，又如何确定其是否需要编制应急预案，需要根据《生产经营单位安全生产事故应急预案编制导则》中的有关规定，按以下工作程序执行：

■ 成立工作组，制订工作计划

生产经营单位要结合本单位、本部门的职能分工，成立以单位、部门主要负责人为领导的应急预案编制工作组，明确编制任务和职责分工，制订工作计划。

■ 进行资料收集

生产经营单位要收集应急预案编制所需的各种资料（包括相关法律法规对应急预案的要求、有关技术标准、国内外同行业事故案例分析、本单位的技术资料等），尤其是要充分借鉴国内外同行业事故教训及应急

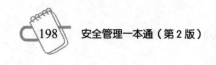

管理工作的经验，这是加强应急管理工作的宝贵财富。

■ 进行危险源及风险分析

生产经营单位要在对自身的具体情况进行危险因素分析及事故隐患排查、治理的基础上，确定本单位可能发生事故的危险源、事故类型和后果，进行事故风险分析，指出事故可能引发的次生、衍生事故，并形成分析报告，作为应急预案的编制依据。

■ 应急能力评估

生产经营单位要对本单位应急装备、应急队伍等应急能力进行评估，并结合本单位的实际情况，加强应急能力建设。

经过以上程序后，生产经营单位确定可能发生的重大事故或灾难，并编制与之相适应的应急预案。

应急预案编制的核心要素

在编制预案时，一个重要问题是预案应包括哪些基本内容，才能满足应急活动的需要。应急预案是整个应急管理工作的具体反映，它的内容不仅限于事故发生过程中的应急响应和救援措施，还应包括事故发生前的各种应急准备和事故发生后的紧急恢复，以及预案的管理与更新等。因此，完整的应急预案编制应包括以下基本要素：

1. 方针与原则

无论是何级或何类型的应急救援体系，首先必须有明确的方针和原则，以作为开展应急救援工作的纲领。方针与原则反映了应急救援工作的优先方向、政策、范围和总体目标。应急的策划和准备、应急策略的制定和现场应急救援及恢复，都应当围绕方针和原则开展。

事故应急救援工作是在预防为主的前提下，贯彻统一指挥、分级负责、区域为主、单位自救和社会救援相结合的原则。其中，预防工作是事故应急救援工作的基础。企业除了平时做好事故的预防工作，避免或减少事故的发生外，还要落实好救援工作的各项准备措施，做到预先有准备，一旦发生事故就能及时实施救援。

2. 应急策划

应急预案最重要的特点是有针对性和可操作性。因此，应急策划必须明确预案的对象和可用的应急资源情况，即在全面、系统地认识和评价所针对的潜在事故类型的基础上，识别出重要的潜在事故及其性质、区域、分布和后果。同时，企业应根据危险分析的结果，分析评估企业中应急救援力量和资源情况，为所需的应急资源准备提供建设性意见。在进行应急策划时，企业应当列出国家、地方相关的法律法规，以作为编制预案和应急工作授权的依据。

3. 应急准备

应急准备是指企业针对可能发生的应急事件，应做好的各项准备工作。应急预案能否成功地在应急救援中发挥作用，取决于应急准备的充分与否。应急准备基于应急策划的结果，明确所需的应急组织及其职责权限、应急队伍的建设和人员培训、应急物资的准备、预案的演习、公众的应急知识培训和需签订必要的互助协议等。

4. 应急响应

企业应急响应能力的体现，应包括需要明确并实施在应急救援过程中的核心功能和任务。这些核心功能既有一定的独立性，又互相联系，构成应急响应的有机整体，并共同完成应急救援目的。

应急响应的核心功能和任务包括：接警与通知、指挥与控制、警报和紧急公告、通信、事态监测与评估、警戒与治安、人群疏散与安置、医疗与卫生、公共关系、应急人员安全、消防和抢险、泄漏物控制等。

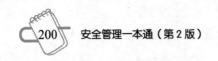

当然，根据风险性质的不同，企业需要的核心应急功能也可能有一些差异。

5. 现场恢复

现场恢复是事故发生后期的处理，包括泄漏物的污染问题处理、伤员的救助、后期的保险索赔、生产秩序的恢复等一系列问题。

6. 预案管理与评审改进

企业在事故后（或演练后）应对预案不符合和不适宜的部分进行不断的修改和完善，使其更好地满足企业实际应急工作的需要。但是，预案的修改和更新要有一定的程序和相关评审指标。

应急预案的编制

编制应急预案一般可以分为三个步骤：组建应急预案编制队伍，开展现状与能力分析，编制预案。

1. 组建应急预案编制队伍

应急响应和管理不是个别部门和人员能够完成的，预案从编制、维护到实施都应该有企业各级部门的广泛参与。并且，预案的编制需要大量的时间和精力，所以企业应该组建编制队伍，促进工作的开展和学习交流。编制队伍的组建取决于企业的作业、风险和资源的具体情况。

预案编制小组组长最好由企业高层领导担任，这样可以增强预案的权威性，促进工作的实施。在实际工作中，预案往往会由一两个人执笔，绝大部分编制工作可能由少数人完成。但是，在编制过程中或编制完成之后，预案编制小组要征求各应急响应部门的意见，尤其是高层管理人员，一线管理人员，工人，公共信息人员，法律顾问，人力资源部门，工程与维护部门，安全、卫生和环境保护部门，市场销售部门，财务部门，邻近社区等人员或部门的意见。预案编制小组的组成经高层领导同意后形成书面文件，并且要明确分工。接下来，预案编制小组就可以确定编制工作的时间进度和费用。

2. 开展现状与能力分析

■ 企业现状分析

①法律法规和现有预案分析。

需要分析的国家、省和地方法律、法规与规章包括：职业安全卫生法律法规、环境保护法律法规、消防法律法规与规程、地震安全规程、交通法规、地区区划法规、应急管理规定等。

需要调研的政府与企业现有预案包括：疏散预案、消防预案、安全卫生预案、环境保护预案、保安程序、保险预案、财务与采购程序、工厂停产关闭的规定、员工手册、危险品预案、安全评价程序、风险管理预案、资金投入方案、互助协议等。

②关键产品、服务和作业分析。

评估紧急情况对企业的影响，确定哪些系统必须备份。需要分析的相关信息主要包括：企业产品或服务所需要的设备设施；产品和服务的供应商，尤其是只有单一来源时；生命线服务，如电力、水、下水道、汽油、电话和交通；设施运行所需要的关键作业、操作人员和设备等。

③内、外部资源和能力分析。

企业紧急情况所需要的内部资源和能力如表6-8所示：

表 6-8　内部资源与能力表

类别	说明
人员	消防、危险品响应队伍、应急医疗服务、保安、应急管理小组、疏散队伍、公共信息等
设备	消防设备、控制设备、通信设备、急救供应、应急生活必需品供应、警告系统、应急电力设备、污染消除设备等

（续表）

类别	说明
设施	应急行动中心、临时医疗区域、避难区域、急救站、消毒设施
能力	培训、疏散预案、员工支持系统等
备份系统	员工薪水花名册、通信、产品、客户服务、运输与接收、信息支持系统、应急电力、恢复支持等

企业在紧急情况下需要大量的外部资源，所以企业应与某些单位建立必要的联系，如地方应急管理办公室、消防部门、危险物质响应机构、应急医疗服务机构、医院、公安部门、社区服务组织、公用设施管理部门、合同方、应急设备供应单位、保险机构等。

■ 潜在紧急情况分析

潜在紧急情况即本企业面临的所有可能的紧急情况，这不仅包括由地方应急管理办公室所辨识出来的紧急情况，也包括企业单位内部和社区可能出现的紧急情况。企业通常应考虑下列因素（见表6-9）：

表6-9 潜在紧急情况的考虑因素一览表

因素类型	具体内容
历史情况	在企业及其他兄弟单位、本社区以往发生过的紧急情况，包括火灾、危险物质泄漏、极端天气、交通事故、地震、飓风、龙卷风、恐怖活动、公共设施失灵等
地理因素	企业所处地理条件产生的影响，以及是否邻近洪水区域、地震断裂带和大坝，重大交通干线和机场、核电厂，以及危险化学品的生产、贮存、使用和运输企业等
技术问题	某工艺或系统出现故障会产生的后果包括：火灾、爆炸和危险品事故，安全系统失灵，通信系统失灵，计算机系统失灵，电力故障，加热和冷却系统失灵，应急通知系统失灵等

（续表）

因素类型	具体内容
人的因素	员工出错会导致什么样的后果？是否开展了员工安全培训？他们是否知道在紧急情况下应该采取什么措施？人的因素可能是由下列原因造成的：培训不足、工作没有连续性、粗心大意、错误操作、物质滥用、疲劳等
物理因素	哪些紧急情况可能是由设施和建筑物造成的？为了提高物理设施的安全性，企业应考虑设施建设的物理条件、危险工艺和副产品、易燃品的贮存、设备的布置、照明、紧急通道与出口等因素
管制因素	企业对哪些紧急情况或危害有管制措施？为彻底分析紧急情况，企业应考虑如下情况的后果：出入禁区、电力损失、通信线缆中断、主要天然气管道断裂、水害、烟害、结构受损、空气或水污染、爆炸、建筑物倒塌、人员被卡、化学品泄漏等

■ 评价内部和外部资源

评价针对各类紧急情况的响应资源与能力的准备情况，为内部与外部资源分别打分，分值越低表明效果越好。为此，企业应考虑每一潜在紧急情况从发生、发展到结束所需要的资源。企业对每一紧急情况应询问如下问题：

①所需要的资源与能力是否配备齐全？

②外部资源能否在需要时及时到位？

③是否还有其他可以优先利用的资源？

如果答案是肯定的，则企业可以继续下一步骤的工作；如果答案是否定的，则企业应提出整改方案，如制定额外的应急程序、开展额外的培训、获取额外的资源、制定互助协议、签订特殊合同或协议等。

■ 综合分析

各紧急情况的总分值越低越好。即使是主观打分，比较各紧急情况的分值也会有助于应急策划和确定资源利用的优先顺序，使应急工作的目标进一步明确。

在评价资源时，企业要牢记社区工作人员——警察、消防、医护——应关注的响应工作，从而在紧急情况下及时有效地作出反应，提高企业应急响应能力。

[知识链接]

预案的组成内容

1. 概述

概述是为了便于管理人员的理解，简要介绍应急预案的概况。概述通常包括：预案的目标、应急管理方针、预案的权威性、核心人员的职责、潜在的紧急情况、应急响应行动地点等。

2. 应急管理要素

企业应急管理的核心要素包括：指挥与控制、通信、生命安全、财产保护、社区安全、恢复与重建、行政与后勤等。核心要素的目的是保护生命、财产和环境，它是企业应急救援行动和应急响应程序的基础。各项要素应明确各功能实现的具体原则和目标，以及部门之间的分工与合作。

3. 应急响应程序

应急响应程序说明了企业如何开展应急响应工作。为了便于高层管理人员、部门领导、响应人员和普通员工迅速采取行动，预案应尽可能制定应急响应程序检查表。

需要制定程序的行动包括：现状评估；保护员工、客户、来访者、设备、重要记录和其他财产，尤其是事发的前三天内的记录和财产；恢复生产经营等。

有很多紧急情况，如火灾、爆炸或自然灾害，需要制定下列具体的行动程序：警告员工和客户、与职员和社区沟通、企业内全员疏散、响应活动管理、启动并运行应急行动中心、消防、行动终止、保存重要记录、恢复行动等。

4. 支持文件

紧急情况下所需要的支持文件可能包括：应急电话通讯录、建筑物与现场风险情况地图、资源清单等。

有些企业应该制定应急疏散程序，关键作业的终止或运行程序，员工、来访者和合同方疏散后工作程序，紧急情况报告程序，并明确救援与医疗责任、核心人员与部门等。

3. 编制预案

编制预案的具体步骤如下：

■ 撰写预案

在预案的撰写阶段，编制小组应确定具体的工作目标和阶段性工作时间表；制定工作任务清单，并落实到具体的人员和时间点；根据脆弱性分析，确定解决问题的资源和存在的问题；确定预案总体和各章节的最佳结构，将预案按章节分配给每一位编写组成员，并制定各项具体工作的时间进度表。

■ 与外部机构协调一致

编制小组应与地方政府和社区机构及时沟通，将企业已经开始编制应急预案的情况通知相关的地方政府部门。即使政府没有提出具体要求，他们的建议和信息也可能会非常有益。然后，编制小组要将省和地方政府对紧急情况通报的要求纳入企业应急程序。

编制小组需要与外部机构沟通的内容包括：企业应急响应的通道，

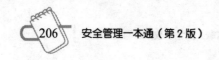

向谁汇报、如何汇报，企业如何与外部机构和人员沟通，应急响应活动的负责人，在紧急情况下哪些权力部门应该进入现场等。

■ 评审、培训和修订

编制小组将第一稿发放给各编写组成员审校，必要时进行修订。

在第二次审校时，编制小组可组织公司管理人员和应急管理人员开展桌面演习。在一间会议室内，根据设计好的事故场景，各位参与人员讨论各自的职责，并针对事故场景作出反应。充分讨论之后，编制小组要找出并修订交代不清或重复的内容。

■ 批准和发布

经会议讨论后，编制小组向最高领导和高层管理人员汇报，经批准后发布预案。编制小组将预案装订好并逐一编号，然后发放给各部门人员。需要特别注意的是，应急响应核心人员家中应备份应急预案。

[实例]

高处坠落、机械伤害急救应急预案

1. 目的

本程序规定了公司高处坠落、机械伤害事件发生时应急响应的措施，以保证高处坠落、机械伤害事件发生时，能够采取积极的措施保护伤员生命，减轻伤情，减少痛苦，最大限度地减少伤害。

高处坠落、机械伤害急救必须分秒必争，应立即采取止血及其他救护措施，并尽可能使伤者保持清醒。同时，及早与当地医疗部门联系，争取医务人员迅速、及时地赶来事故发生地，接替救治工作。在医务人员未接替救治前，现场救治人员不应放弃现场抢救，更不能只根据没有呼吸或脉搏擅自判断伤员死亡而放弃抢救。

2. 范围

本程序适用于公司各部门在高处坠落、机械伤害发生时采取的应急准备与响应的控制措施。

3. 职责

（1）质量安全办公室的职责。

①负责公司的应急和响应管理，组织编制高处坠落、机械伤害等紧急情况发生时的应急和响应方案，制订应急演练计划，并组织实施与评审，确保应急预案的有效性、符合性。

②负责应急措施预案所形成的文件的管理（包括文件的修改工作）与发放。

③紧急情况发生时，负责急救工作的指挥与调度，落实后勤工作，协助事故处理与调查。

（2）人力资源办公室的职责。

按照质量安全办公室的安排，制订培训计划，使相关人员清楚应急准备与响应要求方面的作用和职责。

（3）实施部门的职责。

①按照质量安全办公室制订的演练计划进行应急演练，并在演练之后，评价演练的效果，提出改进的意见。

②按照人力资源办公室制订的培训计划进行应急预案的培训，确保相关人员清楚应急准备与响应要求方面的作用和职责。

③在紧急情况发生时，按照预案规定的程序及时地作出响应，并在响应后组织评价响应的效果，提出修改意见。

4. 工作程序

（1）急救中心的联络方式。

电话联络号码：120。

联络原则：选择离事故发生地距离最近、医疗条件最好的医院救助。

（2）公司急救指挥管理部门——质量安全办公室。

负责人：

联系人：

联系电话：

质量安全办公室：

经理室：

（3）现场急救、联络急救中心与报告的工作程序。

①步骤。

立即停止工作，将伤员放置在平坦的地方，救护员对伤者进行止血或其他救护措施。完整的工作程序为：实施现场急救—现场负责人联系救护中心—向公司报告—保护事故现场—公司指挥部门安排后勤保障—开展事故调查与处理工作。

②急救方案。

第一，高处坠落、机械伤害事故发生后，立即停止现场作业活动，将伤员放置在平坦的地方，现场有救护经验的人员立即对伤员按照《电业安全工作规程》中"紧急救护法——创伤急救"实施紧急救护。

第二，现场的最高负责人作为现场的救护指挥员，指挥现场救护工作；在现场的伤员得到急救的同时，立即使用手机或其他通信设施拨打120电话，与救护中心联系，要求紧急救护；之后应打电话向公司质量安全办公室、总经理及其他负责人报告；保护事故现场。

第三，质量安全办公室接到报告后，问清楚救护中心地点，与救护中心取得联系，落实后勤保障工作，确保伤员能立即得到救护，不因后勤不到位而影响急救。

③应急指挥者、参与者的责任和义务。

第一，在事故发生后，现场的最高负责人作为现场的最高指挥人员，统一进行指挥与调度，保持冷静的头脑，有序地指挥现场救护工作，确保伤员得到及时有效的救护，保护好事故现场，并在事故后报告事故经过。

第二，现场参与救护工作的人员应积极参与紧急救护工作，服从指挥人员的指挥与调度；有救护经验的人员要及时赶到事故现场，参加对伤员的救护；其他人员应保持现场的秩序，配合救护人员工作，并注意保护事故现场，事后配合调查组对事故进行调查。

5. 相关及支持性文件

（1）《应急准备与响应控制程序》。

（2）《电业安全工作规程》。

6. 记录

（1）事故报告卡。

（2）应急响应评审记录（包括所引起的文件更改记录）。

[实例]

工伤事故应急预案

为预防工伤事故发生后对伤员造成更大的伤害，避免事故的进一步恶化，并将发生事故造成的损失降至最低，现成立以职能部门全体人员为主的救护小组，以备事故发生后尽快组织人员投入抢救。

1. 救护小组成员

组长：××（手机：＿＿＿＿＿＿＿＿＿＿＿＿）。

副组长：××（手机：＿＿＿＿＿＿＿＿＿＿＿）、××（手机：＿＿＿＿＿＿＿＿＿＿＿）。

成员：职能部门全体人员。

工伤救护办公室设在经理部办公室，电话为：＿＿＿＿＿＿＿＿＿＿＿＿，传真：＿＿＿＿＿＿＿＿＿＿＿。

工伤救护需准备适量的止血、包扎绑带等应急材料。

2. 工伤应急措施

（1）一旦发现有人受伤，立即电话通知救护办公室，由办公室安排车辆进行救护，救护小组马上分派人员迅速呼叫医务人员前来现场。

（2）如果为大面积受灾，立即组织救护小组成员奔赴现场对受伤人员进行现场简单救护，对伤员伤口进行必要的处理。

（3）迅速排除致命和致伤因素，如搬开压在身上的重物；发生触电意外时，立即切断电源；清除伤病员口鼻内的泥沙、呕吐物、血块或其他异物，保持呼吸道通畅等。

（4）检查伤员的生命体征，如呼吸、心跳、脉搏情况。如有伤员呼吸或心跳停止，应就地立刻进行人工呼吸或心肺复苏。

（5）有创伤出血者，应迅速包扎止血，材料就地取材，可用加压包扎、上止血带或指压止血等方式。同时，应尽快将其送往医院。

（6）观察受伤人员摔伤及骨折部位，并察看其是否昏迷。

（7）注意摔伤及骨折部位的保护，避免不正确的抬运使伤者骨折错位而造成二次伤害。

（8）车辆一到，立即将伤员送往医院。

（9）安监部进行事故调查、责任分析并形成调查报告上报领导小组。

（10）总结经验教训，教育广大员工。

［实例］

施工现场火灾事故应急预案

建筑工地是一个多工种、立体交叉作业的施工场地，在施工过程中存在着火灾隐患。特别是在工程装饰施工的高峰期间，明火作业增多，易燃材料增多，极易发生建筑工地火灾。为了提高消防应急能力，全力、及时、迅速、高效地控制火灾事故，最大限度地减少火灾事故损失和事故造成的负面影响，保障国家、企业财产和人员的安全，针对施工现场实际，项目部编制施工现场火灾事故应急预案。

1. 指导思想和法律依据

（1）指导思想。

施工期间的火灾应急防范工作是建筑安全管理工作的重要组成部分。工地一旦发生火灾事故，不仅会给企业带来经济损失，而且极易造成人员伤亡。为预防施工工地的火灾事故，要加强火灾应急救援管理工作，贯彻落实"隐患险于明火，防范胜于救灾，责任重于泰山"的精神，坚持"预防为主，防消结合"的消防方针，组织全体员工认真学习法律法规知识、火灾原理、灭火基础知识及救援知识，认识防火救援工作的重要性，增强员工的消防意识。

（2）法律依据。

《中华人民共和国安全生产法》第四十条规定："生产经营单位对重大危险源应当登记建档，进行定期检测、评估、监控并制定应急预案，告知从业人员和相关人员在紧急情况下应当采取的应急措施。"

《建设工程安全生产管理条例》第四十八条规定："施工单位应当制定本单位生产安全事故应急救援预案，建立应急救援组织或者配备应急救援人员，配备必要的应急救援器材、设备，并定期组织演练。"第四十九条规定："施工单位应当根据建设工程施工的特点、范围，对施工现场易发生重大事故的部位、环节进行监控，制定施工现场生产安全事故应急救援预案。实行施工总承包的，由总承包单位统一组织编制建设工程生产安全事故应急救援预案，工程总承包单位和分包单位按照应急救援预案，各自建立应急救援组织或者配备应急救援人员，配备救援器材、设备，并定期组织演练。"

《中华人民共和国消防法》第十六条规定："……落实消防安全责任制，制定本单位的消防安全制度、消防安全操作规程，制定灭火和应急疏散预案。……"

2. 火灾事故应急救援的基本任务

火灾事故应急救援的总目标是通过有效的应急救援行动，尽可能地降低事故的后果，包括人员伤亡、财产损失和环境破坏等。火灾事故应急救援的基本任务有以下几个方面：

（1）立即组织营救受害人员，组织撤离或者采取其他措施保护危害区域内的其他人员。抢救受害人员是应急救援的首要任务，在应急救援行动中，快速、有序、有效地实施现场急救与安全转送伤员是降低伤亡率、减少事故损失的关键。由于重大事故发生突然、扩散迅速、涉及范围广、危害大，项目部应及时教育和组织员工采取各种措施进行自身防护，必要时迅速撤离危险区或可能受到危害的区域。在撤离过程中，项目部应积极组织员工开展自救和互救工作。

（2）迅速控制事态，并测定事故的危害区域、危害性质及危害程度。及时控制住造成火灾事故的危害源是应急救援工作的重要任务。只有及时地控制住危险源，防止事故继续扩展，才能及时有效地进行救援。发生火灾事故后，项目部应尽快组织义务消防队与救援人员一起及时控制事故继续扩展。

（3）消除危害后果，做好现场恢复。针对事故对人体、土壤、空气等造成的现实危害和可能的危害，项目部应迅速采取封闭、隔离、冲洗、消毒、检测等措施，防止事故对人的继续危害和对环境的污染；及时清理废墟和恢复基本设施，将事故现场恢复至相对稳定的基本状态。

（4）查清事故原因，评估危害程度。事故发生后，项目部应及时调查事故发生的原因和事故性质，评估事故的危害范围和危险程度，查明人员伤亡情况，做好事故调查。

3. 成立应急小组，落实职能组职责

成立××工程项目部消防安全领导小组和义务消防队。

（1）组长及小组成员、职能组。

组长：项目经理。

副组长：项目副经理。

成员：项目技术主管、施工员、质量员、安全员、材料员、资料员等。

职能组：联络组、抢险组、疏散组、救护组、保卫组、调查组、后勤组、义务消防队等。

（2）领导小组及职能组职责。

领导小组职责：

工地发生火灾事故时，负责指挥工地抢救工作，向各职能组下达抢救指令任务，协调各组之间的抢救工作，随时掌握各组最新动态并作出最新决策，第一时间向110、119、120、公司、当地消防部门、建设行政主管部门及有关部门报告和求援。平时小组成员轮流值班，值班者必须在工地，手机24小时开机。发生火灾紧急事故时，在应急小组长未到达工地前，值班者即为临时代理组长，全权负责落实抢险工作。

职能组职责：

①联络组：了解、掌握事故情况，负责事故发生后在第一时间通知公司，根据情况酌情及时通知当地建设行政主管部门、电力部门、劳动部门、当事人的亲人等。

②抢险组：根据指挥组指令，及时负责扑救、抢险，并布置现场人员到医院陪护；当事态无法控制时，立刻通知联络组拨打政府主管部门电话求救。

③疏散组：在发生事故时，负责人员的疏散、逃生。

④救护组：负责受伤人员的救治和送医院急救。

⑤保卫组：负责损失控制和物资抢救，在事故现场划定警戒区，阻止与工程无关人员进入现场，保护事故现场不遭破坏。

⑥调查组：分析事故发生的原因、经过、结果及经济损失等，调查情况及时上报公司；如有上级、政府部门介入，则配合调查。

⑦后勤组：负责抢险物资、器材器具的供应及后勤保障。

⑧义务消防队：发生火灾时，应按预案演练方法，积极参加扑救工作。

（3）应急小组地点、电话及有关单位部门联系方式。

地点：××工地内。

电话：略。

应急小组长电话：略。

公司：略。

建设行政主管部门：略。

急救电话——120　火警——119　公安——110

4. 灭火器材配置和急救器具准备

（1）救护物资的种类、数量：救护物资有水泥、黄沙、石灰、麻袋、铁丝等，其数量充足。

（2）救灾装备器材的种类：仓库内备有安全帽、安全带、切割机、气焊设备、小型电动工具、一般五金工具、雨衣、雨靴、手电筒等。装备器材统一存放在仓库，仓库保管员24小时值班。

（3）消防器材：干粉灭火器和1211灭火器。国标消火栓分布各楼层。设置现场疏散指示标志和应急照明灯。设置黄沙箱。周围消火栓应标明地点。

（4）急救物品：配备急救药箱、口罩、担架及各类外伤救护用品。

（5）其他必备的物资供应渠道：保持社会上物资供应渠道通畅，随时确保供应。

（6）急救车辆：项目部自备小车，或报120急救车救助。

5. 火灾事故应急响应步骤

（1）立即报警。当接到发生火灾信息时，应确定火灾的类型和大小，并立即报告防火指挥系统。防火指挥系统启动紧急预案。指挥小组要迅速报119火警电话，并及时报告上级领导，以便于及时扑救，处置火灾事故。

（2）组织扑救火灾。当施工现场发生火灾时，应急准备与响应指挥部除及时报警外，应立即组织基地或施工现场义务消防队队员和员工进行火灾扑救。义务消防队队员选择相应器材进行扑救。扑救火灾时要按照"先控制，后灭火；救人重于救火；先重点，后一般"的灭火战术原则。指挥小组要派人切断电源，接通消防水泵电源，抢救伤亡人员，隔离火灾危险源和重点物资，充分利用项目中的消防设施器材进行灭火。

①灭火组：在火灾初期阶段使用灭火器、室内消火栓进行火灾扑救。

②疏散组：根据情况确定疏散、逃生通道，指挥撤离，并维持秩序和清点人数。

③救护组：根据伤员情况确定急救措施，并协助专业医务人员进行伤员救护。

④保卫组：做好现场保护工作，设立警示牌，防止二次火险。

（3）人员疏散是减少人员伤亡扩大的关键，也是最彻底的应急响应。项目部应在现场平面布置图上绘制疏散通道，一旦发生火灾等事故，人员便可按图示疏散撤离到安全地带。

（4）协助公安消防队灭火。联络组拨打119、120求救，并派人到路口接应。当专业消防队到达火灾现场后，火灾应急小组成员要简要向消防队负责人说明火灾情况，并全力协助消防队员灭火，听从专业消防队指挥，齐心协力，共同灭火。

（5）现场保护。当火灾发生时和扑灭后，指挥小组要派人保护现场，维护现场秩序，等待事故原因和对责任人进行调查。同时，应立即采取善后工作，及时清理，将火灾造成的垃圾进行分类处理，以及采取其他有效措施，使火灾事故对环境造成的污染降到最低。

（6）火灾事故调查处置。按照公司事故、事件调查处理程序规定，火灾发生情况报告要及时按章查处。事故后，指挥小组分析原因，编写调查报告，采取纠正和预防措施，负责对预案进行评价并改善预案。应急准备与响应指挥小组要及时将火灾发生情况报告上报公司。

6. 加强消防管理，落实防火措施

火灾案例实际告诉我们，火灾都是可以预防的。预防火灾的主要措施是：

（1）落实专人对消防器材的管理与维修，对消防水泵（高层、大型、重点工程必须专设消防水泵）24 小时专人值班管理，保持场地内消防通道畅通。

（2）施工现场禁止吸烟，建立吸烟休息室。动用明火作业必须办理动火证手续，做到不清理场地不烧，不经审批不烧，无人看护不烧。安全用电，禁止在宿舍内乱拉乱接电线，禁止员工私自使用电炉、电饭煲、煤气灶等。

（3）建立健全消防管埋制度，落实责任制，与各作业班组、分包单位签订"治安、消防责任合同书"，把责任纵向到底，横向到边地，分解到每个班组、个人，落实人人关注消防安全的责任机制。

（4）规范木工车间、钢筋车间、材料仓库、危险品仓库、食堂等场所的搭设，明确防火责任人。

7. 救灾、救护人员的培训和演练

（1）救助知识培训：定时组织员工培训有关安全、抗灾救助知识，有条件的话邀请有关专家前来讲解，通过知识培训，做到迅速、及时地处理好火灾事故现场，把损失减少到最低。

（2）使用和器材维护技术培训：组织员工对各类器材的使用进行培训和演练，教会员工使用抢险器材。仓库保管员定时对配置的各类器材进行维修保护，加强管理。抢险器材平时不得挪作他用，各类防灾器具由专人保管。

（3）每半年对义务消防队队员和相关人员进行一次防火知识、防火器材使用培训和演练（伤员急救常识、灭火器材使用常识、抢险救灾基本常识等）。

（4）加强宣传教育，使全体施工人员了解防火、自救常识。

8. 预案管理与评审改进

火灾事故后要分析原因，按"四不放过"的原则查处事故，编写调查报告，采取纠正和预防措施，对预案进行评审并改进预案。针对暴露出的缺陷，不断地更新、完善和改进火灾应急预案文件体系，加强火灾应急预案的管理。

应急预案的培训和演练

1. 演练的类型

■ 桌面演练

桌面演练是指由应急组织的代表或关键岗位人员参加的，按照应急预案及其标准工作程序，讨论紧急情况时应采取行动的演练活动。

■ 功能演练

功能演练是指针对某项应急响应功能或其中某些应急行动举行的演练活动。其目的是针对应急响应功能，检验应急人员以及应急体系的策划和响应能力。

■ 全面演练

全面演练是指针对应急预案中全部或大部分应急功能，检验、评价应急组织应急运行能力的演练活动。

2. 确定选取哪种类型演练方法应考虑的因素

需要考虑的因素包括：

①应急预案和响应程序编制工作的进展情况；

②本辖区面临风险的性质和大小；

③本辖区现有应急响应能力；

④应急演练成本及资金筹措状况；

⑤有关政府部门对应急演练工作的态度；

⑥应急组织投入的资源状况；

⑦国家及地方政府部门颁布的有关应急演练的规定。

3. 演练的参与人员

■ 参演人员

参演人员是指承担具体任务，对演练情景或模拟事件作出真实情景响应行动的人员。其具体任务为：

①救助伤员或被困人员；

②保护财产或公众健康；

③攻取并管理各类应急资源；

④与其他应急人员协同处理重大事故或紧急事件。

■ 控制人员

控制人员是指控制演练时间进度的人员。其具体任务为：

①确保演练项目得到充分进行，以利评价；

②确保演练任务量和挑战性；

③确保演练进度；

④解答参演人员的疑问；

⑤保障演练过程安全。

■ 模拟人员

模拟人员是指扮演、代替某些应急组织和服务部门，或模拟紧急事件、事态发展的人员。其具体任务为：

①扮演、替代与应急指挥中心、现场应急指挥相互作用的机构或服务部门；

②模拟事故的发生过程（如释放烟雾、模拟气象条件、模拟泄漏等）；

③模拟受害或受影响人员。

■ 评价人员

评价人员是指负责观察演练进展情况并予以记录的人员。其具体任务为：

①观察参演人员的应急行动，并记录观察结果；

②协助控制人员确保演练计划进行。

■ 观摩人员

观摩人员是指来自有关部门、外部机构的人员，以及旁观演练过程的观众。

◎ 提醒您 ◎

应急预案必须成为企业文化的一部分。企业应创造机会建立员工应急意识，培训和教育员工，测试应急程序，动员各级管理人员、各部门和社区参与应急策划，将应急管理工作变成日常工作的一部分。

企业应对所有在企业工作或来访人员进行培训，包括定期组织讨论会或评审会、技术培训、应急响应设备的使用、疏散演习、全面演习等。根据培训对象不同，企业可以选择不同的培训方式和内容。

应急预案的评审和改进

1.评审的时机

企业的应急预案每年至少要评审一次。除了年度评审之外，企业应在某些特定时间开展应急预案的评审和修订，如每次培训和演习之后、每次紧急情况发生之后、人员或职责发生变动之后、企业的布局和设施发生变化之后、政策和程序发生变化之后。

2.评审的内容

评审时应注意如下问题：

①在预案潜在紧急情况分析时发现的问题和不足是否得到充分的重视？

②各位应急管理和响应人员是否理解各自的职责？

③企业的风险有无变化？

④应急预案是否根据企业的布局和工艺变化而更新？

⑤企业的布置图和记录是否保持最新？

⑥新成员是否经过培训？

⑦企业的培训是否达到目的？

⑧预案中的人员姓名、头衔和电话是否正确？

⑨是否逐渐将应急管理融入企业的整体管理？

⑩社区机构和组织在预案中是否适当体现并参与了预案的评审？

3.评审结果的处理

■ 不足项

不足项是指演练过程中观察或识别出的应急准备缺陷。它可能导致企业在紧急事件发生时，不能确保应急组织或应急救援体系有能力采取合理应对措施，保护公众的安全与健康。

不足项应在规定的时间内予以纠正。可能导致不足项的要素有：

①职责分配；

②应急资源；

③警报、通报的方法和程序；

④通信；

⑤事态评估；

⑥公众教育与公共信息；

⑦保护措施；

⑧应急人员安全和紧急医疗报务等。

■ 整改项

整改项是指演练过程中观察或识别出的，在应急救援中不能单独对公众的安全与健康造成不良影响的应急准备缺陷。

整改项应在下次演练前予以纠正。以下情况的整改项可列为不足项：

①某个应急组织中存在两个以上整改项，共同作用可影响保护公众安全与健康能力；

②某个应急组织在多次演练过程中，反复出现前次演练发现的整改项问题。

■ 改进项

改进项是指应急准备过程中应予以改善的问题。改进项不会对人员健康安全产生严重影响，企业可视情况进行改进，不必一定要求予以纠正。

第三节 安全事故的处理

事故处理是事故发生后的紧急处理、进行调查分析和统计、采取措施及处分有关单位和人员等一系列工作的总称。

确定生产事故的性质

员工伤亡事故的性质按与生产的关系程度分为因工伤亡和非因工伤亡两类。其中，属于因工伤亡的事故包括：

①员工在工作和生产过程中的伤亡；

②员工为了工作和生产而发生的伤亡；

③由于设备和劳动条件的问题引起的伤亡（含不在工作岗位）；

④在厂区内，由于运输工具的问题造成的伤亡。

紧急处理生产事故

事故往往具有突然性，因此在事故发生后，抢救人员要保持头脑清醒，切勿惊慌失措，以免扩大生产和人员的损失和伤亡。抢救人员一般按如下顺序处理：

第一，切断有关动力来源，如气（汽）源、电源、火源、水源等；

第二，救出伤亡人员，对伤员进行紧急救护；

第三，大致估计事故的原因及影响范围；

第四，及时寻求援助，同时尽快移走易燃、易爆和剧毒等物品，防止事故扩大和减少损失；

第五，采取灭火、防爆、导流、降温等紧急措施，尽快终止事故；

第六，事故被终止后，要保护好现场，以供调查分析。

[知识链接]

安全生产事故救护知识

1. 触电的救护

（1）脱离电源。

对于低压触电事故，可按如下程序进行处理：

①如果触电地点附近有开关或插销，可立即拉开开关或拔出插销。但应注意，拉线开关和平只能控制一根线，关闭开关有可能仅切断零线而没有断开电源。

②如果触电地点附近没有开关或插销，可用有绝缘柄的电工钳或有干燥木柄的斧头切断电线，或用绝缘物插到触电者身下，以隔断电流。

③当电线反搭落在触电者身上或被压在身下时，可以绝缘物为工具，拉开触电者或拉开电线。

④当触电者的衣服是干燥的，且电线又没有紧缠在他身上时，可以用一只手抓住他的衣服，拉离电源（但不得接触其他部位）。

对于高压触电事故，可按如下程序进行处理：

①立即通知有关部门尽快拉闸断电。

②戴上绝缘手套，穿上绝缘靴，用相应电压等级的绝缘工具按顺序拉开电源开关。

③抛掷裸金属导线使带电线路短路接地，迫使保护装置动作，断开电源。注意，抛掷金属导线之前，先将金属导线的一端接地，然后抛掷另一端，并保证抛掷的一端不触及触电者和其他人。

（2）现场急救。

当触电者脱离电源后，应根据触电者的具体情况，迅速对症救护。

①如果触电者伤势不重、神志清醒，但有些心慌、四肢发麻、全身无力，或者触电者在触电过程中曾一度昏迷，但已经清醒过来，应使触电者安静休息，不要走动，并请医生前来诊治或将其送往医院。

②如果触电者伤势较重，已失去知觉，但还有心脏跳动和呼吸，应使触电者舒适、安静地平卧，保证周围不围人，使空气流通，并解开他的衣服以利于呼吸。如天气寒冷，要注意保温，并速请医生前来诊治或将其送往医院。

③如果触电者伤势严重，呼吸停止或心脏跳动停止，或两者都已停止，应立即施行人工呼吸和胸外心脏按压，并速请医生前来诊治或将其送往医院。应当注意，急救要尽快进行，不能等候医生的到来。在送往医院的途中，也不能中止急救。如果现场仅一个人抢救，则口对口人工呼吸和胸外心脏按压应交替进行，每次吹气2~3次，再按压10~15次，而且吹气和按压的速度都应该比双人操作的速度提高一些，这样可以不降低抢救效果。

2. 火灾的急救和自救

（1）遇到火情时应注意的问题。

①火势初期，如果发现火势不大，未对人与环境造成很大威胁，其附近有足够的消防器材，应尽可能将火扑灭，不可置小火于不顾而酿成大火。

②火势失去控制时，不要惊慌失措，应冷静机智地运用火场自救和逃生知识摆脱困境。心理的惊慌和崩溃往往使人丧失

绝佳的逃生机会。因此，多掌握一些自救与逃生的知识、技能，把握住稍纵即逝的脱险时机，就会在困境中拯救自己或赢得更多等待救援的时间。

（2）建筑物内发生火灾时自救和逃生。

①要熟悉周围环境，记牢消防通道路线。

对于自己工作场所环境和居住所在地的建筑物结构及逃生路线，每个人都要做到了如指掌。若处于陌生环境，如入住宾馆、商场购物、进入娱乐场所时，务必要留意疏散通道、紧急出口的具体位置及楼梯方位等，这样一旦火灾发生，寻找逃生之路时就会胸有成竹，临危不惧，并安全、迅速地逃离现场。

②突遇火灾，面对浓烟和大火，首先要使自己保持镇静，迅速判断出危险地点和安全地点，果断决定逃生的办法，尽快撤离。如果火灾现场人员较多，切不要相互拥挤、盲目跟从或乱冲乱撞，应有组织、有秩序地进行疏散。

撤离时要朝明亮或外面空旷的地方跑，同时尽量向楼下跑。若通道已被烟火封阻，则应背向烟火方向离开，通过阳台、气窗、天台等往室外逃生。如果现场烟雾很大或断电，能见度低，无法辨明方向，则应贴近墙壁或按指示灯的提示，摸索前进，找到安全出口。

③要利用消防通道，不可进入电梯。

在高层建筑中，电梯的供电系统在发生火灾时随时会断电，或者因强热作用电梯部件发生变形而将人困在电梯内。同时，由于电梯井犹如贯通的烟囱般直通各楼层，有毒的烟雾极易被吸入其中，直接威胁被困人员的生命。因此，火灾时千万不可乘普通的电梯逃生，而要根据情况选择进入相对较为安全的楼梯、消防通道。此外，还可以利用建筑物的阳台、窗台、天台屋顶等攀到周围的安全地点。

④可以通过建筑物内的高空缓降器或救生绳，离开危险的楼层。另外，在救援人员不能及时赶到的情况下，可以迅速利用身边的绳索或床单、窗帘等自制简易救生绳（最好用水打湿），然后从窗台或阳台沿绳滑下；还可以沿着水管、避雷线等建筑结构中的凸出物滑到地面。

如果逃生时要经过充满烟雾的路线，可使用毛巾或口罩蒙住口鼻，同时身体尽量贴近地面匍匐前行。穿过烟火封锁区，应向头部、身上浇冷水或用湿毛巾、湿棉被等裹好，再冲出去。

⑤假如用手摸房门已感到烫手，或已知房间被火围困，此时切不可打开房门，而应关紧迎火的门窗，用湿毛巾或湿布条塞住门窗缝隙，或者用水浸湿棉被蒙在门窗上，防止烟火侵入，固守待救。

⑥被烟火围困暂时无法逃离的人员，应尽量站在阳台或窗口等易于被人发现和能避免烟火近身的地方。在白天，可以向窗外晃动鲜艳衣物；在晚上，可以用手电筒在窗口闪动或者敲击金属物、大声呼救，及时发出有效的求救信号，引起救援者的注意。

3. 毒气泄漏事故的自救与逃生

第一，发生毒气泄漏事故时，现场人员不可恐慌，要有人负责统一指挥，井然有序地撤离，并采取相应的监护措施。

第二，从毒气泄漏现场逃生时，要抓紧宝贵的时间，当机立断，选择正确的逃生方法撤离。

第三，逃生时要根据泄漏物质的特性，佩戴相应的个体防护用具，或用毛巾、湿衣物捂住口鼻。

第四，沉着冷静确定风向，然后根据毒气泄漏源位置，向上风向或沿侧风向转移撤离；另外，根据泄漏物质的相对密度，选择沿高处或低洼处逃生，但切忌在低洼处滞留。

4. 常用急救技术

（1）止血。

常用的止血方法有压迫止血法、止血带止血法、加压包扎止血法和加垫屈肢止血法等。

①压迫止血法适用于头、颈、四肢动脉大血管出血的临时止血。当一个人负伤以后，只要立刻用手指或手掌用力压紧靠近心脏一端的动脉跳动处，并把血管压紧在骨头上，就能很快取得临时止血的效果。

②止血带止血法适用于四肢大血管出血，尤其是动脉出血。用止血带（一般用橡皮管，也可以用纱布、毛巾、布带或绳子等代替）绕肢体绑扎打结固定，或在结内（或结下）穿一根短木棍，转动此棍，绞紧止血带，直到不流血为止，然后把木棍固定在肢体上。在绑扎和绞止血带时，不要过紧或过松。过紧会造成皮肤和神经损伤，过松则起不到止血的作用。

③加压包扎止血法适用于小血管和毛细血管的止血。先用消毒纱布（如果没有消毒纱布，也可用干净的毛巾）敷在伤口上，再加上棉花团或纱布卷，然后用绷带紧紧包扎，以达到止血的目的。假如伤肢有骨折，必须先用夹板进行固定。

④加垫屈肢止血法多用于小臂和小腿的止血。它利用肘关节或膝关节的弯曲功能压迫血管以达到止血目的。在肘窝或膝窝内放入棉垫或布垫，然后使关节弯曲到最大限度，再用绷带将前臂与上臂（或小腿与大腿）固定。假如伤肢有骨折，也必须先用夹板进行固定。

（2）包扎。

头部、面部外伤常采用的包扎方法有：

①头面部风帽式包扎法。头部、面部都有伤可用此法。先在三角巾顶角和底部中央各打一结，形式像风帽一样。把顶角结放在前额处，底结放在后脑部下方，包住头顶，然后将两顶角往面部拉紧，向外反折成三四指宽，包绕下颌，最后拉至后脑枕部打结固定。

②头顶式包扎法。外伤在头顶部可用此法。把三角巾底边折叠两指宽，中央放在前额，顶角拉向后脑，两底角拉紧，经两耳上方绕到头的后枕部，压着顶角，再交叉返回前额打结。如果没有三角巾，也可改用毛巾。先将毛巾横盖在头顶上，前两角反折后拉到后脑打结，后两角各系一根布带，左右交叉后绕到前额打结。

③面部面具式包扎法。面部受伤可用此法。先在三角巾顶角打一结，使头向下，揭起左右两个底角，形式像面具一样，再将三角巾顶结套住下颌，罩住头面，底边拉向后脑枕部，左右角拉紧，交叉压在底边，再绕至前额打结。包扎后，可根据情况在眼和口鼻处剪开小洞。

④单眼包扎法。如果眼部受伤，可将三角巾折成四横指宽的带形，斜盖在受伤的眼睛上。三角巾长度的1/3向上，2/3向下，下部的一端从耳上绕到前额，压住眼上部的一端，然后将上部的一端向外翻转，向脑后拉紧，与另一端打结。

四肢外伤的包扎方法有：

①手足部受伤的三角巾包扎法。将手掌（或脚掌）心向下放在三角巾的中央，手（脚）指朝向三角巾的顶角，底边横向腕部，把顶角折回，两底角分别围绕手（脚）掌左右交叉压住顶角后，在腕部打结，最后把顶角折回，用顶角上的布带固定。

②三角巾上肢包扎法。如果上肢受伤，可把三角巾的一底角打结后套在受伤的那只手臂的手指上，把另一底角拉到对侧

肩上，用顶角缠绕伤臂，并用顶角上的小布带包扎。然后把受伤的前臂弯曲到胸前，成近直角形，最后把两底角打结。

此外，还有毛巾包扎法。

（3）固定。

①上肢肱骨骨折固定法。用一块夹板放在骨折部位外侧，中间垫上棉花或毛巾，再用绷带或三角巾固定。若现场无夹板，则用三角巾将上臂固定于躯干。方法是：三角巾折部绕过胸部在对侧打结固定，前臂悬吊于胸前。

②股骨骨折固定法。用两块夹板，其中一块的长度与腋窝至足根的长度相当。长的一块放在伤肢外侧腋窝下并和下肢平行，短的一块放在两腿之间，用棉花或毛巾垫好肢体，再用三角巾或绷带分段绑扎固定。

此外还有前臂骨折固定法、小腿骨折固定法等。

（4）搬运。

搬运伤员也是救护的一个非常重要的环节。如果搬运不当，可使伤情加重，加大治疗难度。因此，搬运伤员时应十分小心。

①扶、抱、背搬运法。

单人扶着行走：左手拉着伤员的手，右手扶住伤员的腰部，慢慢行走。此法适用于伤员伤势较轻、神志清醒时。

肩膝手抱法：伤员不能行走，但上肢还有力时，可让伤员的手钩在搬运者的颈上。此法禁用于脊椎骨折的伤员。

背驮法：先将伤员支起然后背着走。

双人平抱着走：两个搬运者站在同侧，抱起伤员。

②几种伤情搬运。

脊柱骨折搬运：使用木板做的硬担架，应由2~4人抬，使伤员成一线起落，步调一致。切忌一人抬胸，一人抬腿。要让伤员平躺，腰部要垫件衣服，然后用3~4根皮带把伤员固定在木板上。

颅脑伤昏迷搬运：把伤者放在担架上应采取半卧位，头部侧向一边，以免呕吐时呕吐物阻塞气管而窒息。搬运时要两人重点保护头。

颈椎骨折搬运：搬运时，应由一人稳定头部，其他人以协调力量平直抬担架，在头部左右两侧用衣物、软枕加以固定。

腹部损伤搬运：严重腹部损伤者，多有腹腔脏器从伤口脱出，可采用布带、绷带将其固定。搬运时采取仰卧位，并使下肢屈曲。

（5）伤员转送应注意的问题。

①迅速。对伤员进行现场处理后，应争取时间尽快将其转运到已联系好的医院或急救中心，并通知可能到达的时间。

②安全。在搬运和转运途中应避免再次创伤，更应防止医源性损害，如输液过快引起肺水肿、脑水肿，输入血制品引起溶血反应等。对有呕吐和意识不清的伤员，要防止胃内容物吸入气管而引起窒息。应持续监护，随时抢救生命危象。

③平稳。在救护车内一般应保持伤员足向车头，头向车尾平卧。驾车要稳，刹车要缓。为使伤员情绪稳定，转运途中须镇痛，并严格记录止痛剂的名称、药量和用药时间。颅脑损伤、腹部损伤等慎用麻醉止痛药。

调查生产事故

1. 搜集物证

现场物证包括破损部件、破片、残留物等。搜集物证时，应注意以下事项：

①应将在现场搜集到的所有物件贴上标签，注明地点、时间、现场

负责人；

②所有物件应保持原样，不准冲洗、擦拭；

③对具有危害性的物品，应采取不损坏原始证据的安全防护措施。

2. 记录相关材料

需要记录的相关资料的具体内容为：

①发生事故的部门、地点、时间；

②受害人和肇事者的姓名、性别、年龄、文化程度、技术等级、工龄、工资待遇；

③事故当天，受害人和肇事者什么时间开始工作，其工作内容、作业程序、操作动作（或位置）是什么；

④受害人和肇事者过去的事故记录。

3. 收集事故背景材料

事故背景资料包括：

①事故发生前设备、设施等的性能和维修保养状况；

②使用的何种材料，必要时可以进行物理性能或化学性能实验与分析；

③有关设计和工艺方面的技术文件、工作指令和规章制度及执行情况；

④工作环境状况，包括照明、温度、湿度、通风、噪声、色彩度、道路状况以及工作环境中有毒、有害物质取样分析记录；

⑤个人防护措施状况，其有效性、质量如何，使用是否规范；

⑥出事前受害人或肇事者的健康状况；

⑦其他可能与事故致因有关的细节或因素。

4. 搜集目击者材料

要尽快从目击者那里搜集材料，而且对于目击者的口述材料，应认真考证其真实程度。

5. 拍摄事故现场

事故现场需拍摄的内容包括：

①拍摄残骸及受害者的照片；

②拍摄容易被清除或被践踏的痕迹，如刹车痕迹、地面和建筑物的伤痕、火灾引起的损害下落物的空间等；

③拍摄事故现场全貌。

分析生产事故

1. 具体分析内容

需要分析的内容包括：受伤部位、受伤性质、起因物、致害物、伤害程度、设备不安全状态、操作人员的不安全行为等。

2. 分析事故原因

导致生产事故的原因很多，企业可以从以下方面进行分析：

①劳动组织不合理；

②对现场工作缺乏必要和正确的检查或指导；

③没有安全操作规程或安全操作规程不全面；

④没有或不认真实施事故防范措施，没有及时消除事故隐患；

⑤机械、物质或环境处于不安全状态；

⑥操作人员具有不安全行为；

⑦技术和设计上有缺陷，如机械设备、工艺过程、操作方法、维修检验等的设计、施工和材料使用存在问题；

⑧对操作人员的教育培训不够，未经培训、缺乏或不懂安全操作技术知识的人员在岗作业。

通过对事故原因的分析，企业要确定事故的主要负责人，并根据事故后果对责任人进行处理，同时采取预防措施以避免事故再次发生。

计算伤害率

有时，企业需向上级主管部门上报事故伤害率，同时自己也需要对事故发生的频率、严重程度进行统计，所以企业须计算下列比率：

1. 伤害频率

伤害频率表示某时期内，平均每百万工时因工伤事故造成的伤亡人数。伤亡人数指轻伤、重伤、死亡人数之和。其计算公式为：

$$百万工时伤害率 = （伤亡人数 / 实际总工时数）× 10^6$$

2. 伤害严重程度

伤害严重程度表示某时期内，平均每百万工时因工伤事故造成的损失工作日数。其计算公式为：

$$伤害严重程度 = （总损失工作日总数 / 实际总工时数）× 10^6$$

3. 千人死亡率

千人死亡率表示某时期内，平均每千名员工中，因工伤事故造成死亡的人数。其计算公式为：

$$千人死亡率 = （死亡人数 / 平均在册职工人数）× 10^3$$

4. 千人重伤率

千人重伤率表示某时期内，平均每千名员工中，因工伤事故造成重伤的人数。其计算公式为：

$$千人重伤率 = （重伤人数 / 平均在册职工人数）× 10^3$$

总之，当发生生产事故时，企业一方面要及时抢救人员和物资，另一方面要仔细收集事故相关的资料，认真分析事故发生的原因，找出主要责任人，同时根据事故发生的原因进行整改，避免下次再出现此类生产事故。

▶▶ 探究·思考 ◀◀

1. 造成安全事故的原因是什么?

2. 如何运用安全色确保安全?

3. 企业应急预案编制的核心要素有哪些?

4. 发生安全事故时,如何处理?

附录　常用工具表单

表1　工厂平面布置安全检查表

检查时间：　　　　　　　　　　　　　　检查人：

序号	检查内容	检查结果		备注
		是（√）	否（×）	
1	从单元装置到厂界的安全距离是否足够？重要装置是否设置了围栅？			
2	装置和生产车间与公用工程、仓库、办公室、实验室之间是否有隔离区或处于火源的下风位置？			
3	危险车间和装置是否与控制室、变电室隔开？			
4	车间的内部空间是否按下述事项进行了考虑：物质的危险性、数量、运转条件、机器安全性等？			
5	装置周围的产品是否离火源很近或存在安全隐患？			
6	贮罐间距离是否符合防火规定？是否具备防液堤和地下贮罐？			
7	废弃物处理是否会散出污染物？是否在居民区的下风位置？			

表 2 车间环境安全检查表

检查时间：　　　　　　　　　　　　检查人：

序号	检查内容	检查结果		备注
		是（√）	否（×）	
1	车间中有毒气体浓度是否经常检测？是否超过最大允许浓度？车间中是否备有紧急沐浴、冲眼等卫生设施？			
2	各种管线（蒸气、水、空气、电线）及其支架等，是否妨碍工作地点的通路？			
3	对有害气体、蒸气、粉尘和热气的通风换气情况是否良好？			
4	原材料的临时堆放场所及成品和半成品的堆放是否超过规定的要求？			
5	车间通道是否畅通？避难道路是否通向安全地点？			
6	对有火灾爆炸危险的工作是否采取隔离操作？对隔离墙是否加强墙壁？窗户是否做得最小？玻璃是否采用不碎玻璃或内嵌铁丝网？屋顶必要地点是否准备了爆炸压力排放口？			
7	进行设备维修时，是否准备有必要的地面和工作空间？			
8	在容器内部进行清扫和检修时，遇到危险情况，检修人员是否能从出入口逃出？			
9	热辐射表面是否有防护？			
10	传动装置是否装设有安全防护罩或其他防护设施？			
11	通道与工作地点、头顶与天花板是否留有适当的空间？			
12	人力操作的阀门、开关或手柄，在操纵机器时是否安全？			

（续表）

序号	检查内容	检查结果		备注
		是（√）	否（×）	
13	电动升降机是否有安全钩和行程限制器？电梯是否装有内部连锁？			
14	是否采用了机械代替人力搬运？			
15	危险性的工作场所是否保证至少有两个出口？			
16	噪声大的操作是否有防止噪声措施？			
17	为切断电源是否装有电源切断开关？			
……				

表3　操作安全检查表

检查时间：　　　　　　　　　　检查人：

序号	检查内容	检查结果		备注
		是（√）	否（×）	
1	各种操作规程、岗位操作、安全守则等准备情况如何？是否定期或在工艺流程、操作方式改变后进行讨论、修改？			
2	操作人员是否受过安全训练？对本岗位的潜在性危险了解的程度如何？			
3	开、停车操作规程是否经过安全审查？			
4	针对特殊危险作业是否专门规定了一些制度（如动火制度等）？			
5	对于紧急事故的处理，操作人员受过训练没有？			
6	工人使用安全设备、个人防护用具等是否熟练？			
7	日常进行的维护检修作业是否有潜在性危险？			
8	是否定期进行安全检查和严格执行点检制度？			

表 4 防火设施安全检查表

检查时间：　　　　　　　　　　　　　检查人：

序号	检查内容	检查结果		备注
		是（√）	否（×）	
1	是否根据建筑物的结构和建筑材料（如开放式或封闭式、可燃材料或非燃烧材料）选用了不同的消防设备？			
2	是否根据所使用原料、材料、燃料的不同危险性和等级选用了不同型号的消防器材？			
3	为了有效地扑灭火灾，散发装置、消防水管、消火栓的容量和数量是否够用（补给水量、最大容量等）？			
4	建筑物内部是否配备了消火栓和消防带？			
5	可燃性液体罐区是否装置了适用的防火设施和泡沫灭火器等？防液堤外测是否有排液设备？			
6	对于需要负重的钢结构，在发生可燃性液体或气体火灾时，钢材强度会减弱。为了避免此类情况，是否按要求在钢材上涂敷了防火材料？			
7	为了排掉漏出的可燃性液体，建筑物、贮罐或生产设备是否有适当的排水沟？			
8	有无防止粉尘爆炸的措施？			
9	可燃性液体贮罐之间的距离是否符合安全要求？			
10	可燃液体的剩余量是否保持在最小范围之内？			
11	为了防止外部火灾，生产设备是否采取了防护措施？			
12	为防患大型贮罐发生火灾，生产设备是否有安全保护措施？			
13	对于贵重器材、特别危险的操作、不能停顿的重要生产设备，是否采用不可燃的建筑物、防火墙、隔壁等加以隔离？			

（续表）

序号	检查内容	检查结果		备注
		是（√）	否（×）	
14	火灾警报装置是否安置在适当的地点？			
15	发生火灾时，紧急联络措施是否有事先准备？			

表 5　高处作业安全检查表

检查时间：　　　　　　　　　　　　检查人：

项目		检查内容	结果
施工人员	1	有无高血压、心脏病、精神病等不适合于高处作业的病症？	
	2	正确穿戴安全帽、软底鞋等防护用品	
	3	井、孔口、临空面边缘不准休息和停留	
	4	不准向下抛丢物体、材料	
	5	不准沿绳、立杆攀爬上下	
	6	作业前检查安全绳的牢固程度，不准使用不合格的安全绳	
架子平台	1	按施工特点设计，牢固可靠	
	2	定期检查排架损伤、腐朽、松动情况，及时维护	
	3	井、孔口、预留口加盖板或设围栏	
	4	平台脚手板铺满、钉牢，临空面有护身栏杆，不准有探头板	
	5	栈道栈桥通道有扶手栏杆，扶梯固定牢固，通道外侧下部为道路或作业场所时边缘有 10 厘米以上的挡板	
	6	堆物整齐、稳固，不超负荷	
	7	废物、废渣及时清理，不得乱丢乱堆	
临空边缘悬空作业	1	悬挂合格的安全网或搭设其他防护设施	
	2	正确挂安全网	
	3	使用工具和易下落的物体，有绳子拴牢，不使掉下	
	4	下方为通道或其他工作场所，应有防护棚或专人监护	

（续表）

项目		检查内容		结果
其他	1	六级以上大风、暴雨、浓雾等恶劣天气时停止作业		
	2	雪天、冰冻天气应清除雪、霜、冰，并采取防滑措施		
	3	夜间有足够的照明		
	4	石棉瓦等简易轻型屋顶作业有相应的安全防护措施		
	5	带电体附近作业应保持规定的安全距离或采取防护隔离措施		
	6	登高作业应保证电杆立杆等埋设固定牢靠，登高工具合格		
备注				
评定		□安全　□基本安全　□危险　□立即停工	应立即整改项目	

表6　施工现场安全检查表

检查时间：　　　　　　　　　　　　　检查人：

项目		检查内容	结果
施工管理	1	施工现场布置合理，危险作业有安全措施和负责人	
	2	有安全值班人员	
施工人员	1	穿戴好安全保护用品和正确使用防护用品	
	2	在工作期间，不准穿拖鞋、高跟鞋，不准干与工作无关的事情	
	3	特殊工种持证上岗	
	4	不准酒后上班	
	5	不准任意拆除和挪动各种防护装置、设施、标志	
	6	在禁止烟火的区域内不准吸烟、动用明火等	
	7	非施工人员和无关人员不得进入施工现场	
场地	1	材料和设施堆放整齐、稳固，不乱堆乱放	
	2	废物、废渣及时清理，不乱丢乱扔	
	3	露天场地夏季设防暑降温凉棚，冬季设取暖棚	
	4	尘毒作业有防护措施，禁止打干钻	
	5	排水良好，平坦无积水	
	6	照明足够	

（续表）

项目		检查内容	结果
危险区域	1	悬崖、深沟、边坡、临空面、临水面边缘有栏杆或明显警告标志	
	2	孔、井口等加盖或围栏，或有明显标志	
	3	洞口、高边坡、危岩等处有专人检查，及时处理危石或设置安全挡墙、防护棚等	
	4	滑坡体、泥石流区域进行定期专人监测，发现异常及时报告处理	
	5	多层作业有隔离防护设施和专人监护	
	6	洞内作业有专人检查处理危石，并保持通风良好、支护可靠	
道路	1	路基可靠，路面平整，不积水，不乱堆器材、废料，保持畅通	
	2	通道、桥梁、平台、扶梯牢固，临空面有扶手栏杆	
	3	横跨路面的电线、设施不影响施工、器材和人员通过	
	4	影响通道的作业有专人监护	
	5	倒料、出渣地段平坦，临空边缘有车挡	
	6	冬季、霜雪冰冻期间有防滑措施	
	7	危险地段有明显的警告标志和防护设施	
机电设备	1	施工机械设备运行状态良好，技术指标清楚，制动装置可靠	
	2	裸露的传动部位有防护装置	
	3	机电设备基础可靠，大型机械四周和行走、升降、转动的构件有明显颜色标志	
	4	作业空间不许架设高压线并与高压线保持足够距离	
	5	高压电缆绝缘可靠，临时用电线路布置合理，不准乱拉乱接	
	6	变压器有围栏，有明显警告标志	
易燃易爆场所	1	施工区域不准设炸药库、油库	
	2	氧气瓶、电石桶单独存放安全地点，远离火源 5 米以上	
	3	使用易燃、易爆物品的区内，禁止烟火	
	4	有足够的消防器材	

（续表）

项目		检查内容	结果
临时房屋	1	基础稳定，房屋牢固	
	2	不准在泥石流、洪水、滑坡、滚石等危险区域内施工	
	3	有可靠的防火措施	
评定		□安全 □基本安全 □危险 □立即停工	

表7 安全生产检查记录表（自检、月检）

被检查单位： 检查组负责人：

检查组名称及参加人员：
经检查存在如下隐患：
改正措施：
落实人签字： 年 月 日
检查结论： 年 月 日

表8 安全检查整改通知单

厂长批示	
存在问题摘要	
建议采取的措施及要求完成日期	
归口整改部门实施情况和意见	
安技部门意见	
备注	

表9　消防安全日常检查表

检查类别		检查时间		检查人	
受检单位		受检部位		受检人	
检查项目		检查标准		√/×	
1. 消防器材、设施		配置到位，齐全、有效、合理			
2. 自动消防设施		运行正常，控制室值班在岗情况良好			
3. 消防通道		消防车通道、安全疏散通道、安全出口布置合理、通畅			
4. 消防水源		布局合理，供水通畅，水压充足			
5. 防火帽配置		到位，完好、有效			
6. 消防标志设置		到位，完好、有效			
7. 用火、用电		手续齐全，安全措施落实，无违章、隐患；防雷、防静电措施符合安全要求			
8. 建筑工程		落实"三同时"，执行建筑工程消防监督审核管理规定			
9. 消防重点单位（部位）		自主管理到位，现场无违章、隐患			
10. 记录		建立齐全，填写规范、有效			
11. 易燃易爆化学危险物品和场所及其他重要物资、可燃物品		落实防火防爆措施			
其他					
问题及整改要求					
复查情况					
		时间		检查人	受检人

参考文献

1.徐华主编.厂长管理大全［M］.内蒙古：内蒙古文化出版社，2001.

2.李景元编著.安全管理员业务职能与行为规范［M］.北京：企业管理出版社，2002.

3.宋力刚，许柏霞主编.安全生产监管全书［M］.北京：中国大地出版社，2002.

4.刘铁民主编.企业安全生产管理规章制度精选［M］.北京：中国劳动社会保障出版社，2003.

5.滕宝红主编.工厂安全标准化管理操作规程［M］.北京：中国标准出版社，2004.

6.世界五百强企业管理标准研究中心编著.生产安全管理标准［M］.北京：东方出版社，2004.

7.王生平，卫玉玺主编，安全管理简单讲［M］.广州：广东经济出版社，2005.

8.北京达飞安全科技有限公司编著.安全员必读［M］.北京：中国石化出版社，2007.

9.姚根兴，李文霆编著.安全管理一本通［M］.广州：广东旅游出版社，2016.